大数据人工智能系列丛书

Python
核 心 编 程 实 践

北京百里半网络技术有限公司　编著

清华大学出版社
北京

内 容 简 介

本书按照高等学校大数据人工智能课程基本要求,以案例驱动的形式来组织内容,突出该课程的实践性特点。本书主要包含三大部分: Python 基础入门、Python 高级编程和 Python 项目实践。

Python 基础入门包括的内容有: Python 简介、环境准备与安装、Python 基本数据类型、运算符、控制流语句、函数、数据结构、文件操作、模块化及错误和异常。

Python 高级编程涉及:面向对象编程和 Python 高级语言特性。

项目实践则有: SMTP 邮件发送、XML 解析和网络编程。

本书内容安排合理,层次清晰,通俗易懂,实例丰富,突出理论与实践的结合,可作为各类高等院校教材,也可供广大程序设计人员参考。

本书封面贴有清华大学出版社防伪标签,无标签者不得销售。
版权所有,侵权必究。举报: 010-62782989, beiqinquan@tup.tsinghua.edu.cn。

图书在版编目(CIP)数据

Python 核心编程实践 / 北京百里半网络技术有限公司 编著. —北京:清华大学出版社,2020.1
(2024.9重印)
(大数据人工智能系列丛书)
ISBN 978-7-302-53950-6

Ⅰ. ①P… Ⅱ. ①北… Ⅲ. ①软件工具—程序设计—高等学校—教材 Ⅳ. ①TP311.561

中国版本图书馆 CIP 数据核字(2019)第 224328 号

责任编辑:刘金喜
封面设计:王 晨
版式设计:孔祥峰
责任校对:成凤进
责任印制:宋 林

出版发行:清华大学出版社
网 址: https://www.tup.com.cn, https://www.wqxuetang.com
地 址:北京清华大学学研大厦 A 座　　邮 编: 100084
社 总 机: 010-83470000　　邮 购: 010-62786544
投稿与读者服务: 010-62776969, c-service@tup.tsinghua.edu.cn
质 量 反 馈: 010-62772015, zhiliang@tup.tsinghua.edu.cn
印 装 者:天津鑫丰华印务有限公司
经 销:全国新华书店
开 本: 185mm×260mm　　印 张: 13.5　　字 数: 257 千字
版 次: 2020 年 1 月第 1 版　　印 次: 2024 年 9 月第 4 次印刷
定 价: 58.00 元

产品编号: 084841-01

编委会

委 员：

李巧灵　陈相阳　周　成

赵　云　吴　静　王云东

序　言

　　信息是支撑人类社会发展的基本要素。梳理一下关于信息变迁的脉络会有助于我们对信息技术的把握，尽管使用的不都是严格意义上的学术概念。

　　信息的产生伴随着人类生活的足迹：从个体到家庭，从家族到社会，从各类组织到现代国家，从互联网到万物互联。简单地说，信息来源于个体到组织到网络化、人类世界到物理世界。

　　人类对信息的记录和传递，从实物到记忆、从声音到语言、从符号到文字、从各种模拟信号到数字化再到不同结构的数据化。简单地说，记录和传递信息的技术一路发展：从实物到模拟再到数字和数据。

　　信息的大小与信息的产生直接相关。从零散的小量信息到"汗牛充栋"的图书馆、博物院，再到因互联网、移动互联网、物联网等而产生的海量大数据，一方面是因为时间轴上的累积，另一方面是因为空间轴上连接的扩张。从另一个角度来看，"信息"本就在那里，只是随着信息采集技术的改进和人们能够利用的信息价值越来越多，"信息"也就越来越大了。信息量的极限是能够全真模拟现实世界的所有数据，称为全息数据。

　　对信息的处理，从人脑开始，逐渐发展出一些辅助工具，也最终形成数学技术。到现代，辅助工具成为了计算机。计算机的发展，通过机器学习，可以部分代替人脑的功能及承担人类难以完成或完成不了的工作，这就是人工智能。

　　可以说，信息技术的发展是人类文明发展的一个关键指标，以物联网、大数据、人工智能为代表的新一代信息技术，其来有自，方兴未艾。

　　当前我国在发展新一代信息技术领域仍然存在一些困难和问题：一是数据资源开放共

享程度低。数据质量不高，数据资源流通不畅，管理能力弱，数据价值难以被有效挖掘利用。二是技术创新与支撑能力不强。在新型计算平台、分布式计算架构、大数据处理、分析和呈现等方面与先进国家仍存在较大差距，对开源技术和相关生态系统影响力弱。三是大数据应用水平不高。我国发展大数据具有强劲的应用市场优势，但目前还存在应用领域不广泛、应用程度不深等问题。四是大数据人工智能产业支撑体系尚不完善。数据所有权、隐私权等相关法律法规和信息安全、开放共享等标准规范不健全，尚未建立起兼顾安全与发展的数据开放、管理和信息安全保障体系。五是人才队伍建设亟需加强。大数据人工智能基础研究、产品研发和业务应用等各类人才短缺，难以满足发展需要。

"大数据人工智能系列丛书"正是为了让更多的人掌握大数据人工智能技术而组织编写的。大家知道，大数据人工智能技术的发展是应用需求驱动的，其研发的主体是企业、人才培养的主体是高校。为此，我们组织了由行业资深技术专家和高校相关专业中坚教师构成的产教协同团队，着力解决大数据人工智能人才培养教学资源数量不足、质量不高的难题。

"大数据人工智能系列丛书"包含：
- 《基于Linux的容器化环境部署》
- 《Python核心编程实践》
- 《Hadoop理论与实践》
- 《Spark核心技术与案例实战》
- 《大数据全文检索系统与实战》

本系列丛书针对当前大数据人工智能专业普遍存在课程不健全、教材讲义资源缺失、缺乏源自企业的真实项目及其配套的数据集、教学内容开发缓慢等问题，构建了较完整的课程体系，融入了较丰富的工程实践案例。

本系列丛书涵盖大数据人工智能国际前沿技术的主要方向，课程内容由浅入深，冀望学生能够逐步进阶到中高级大数据人工智能研发工程师。教材以项目任务为导向，引入业内通行的敏捷开发学习和工作模式，注重研发技能和工作素养的融合培养提升。

本系列教材配套提供线上教学资源：http//www.bailiban.online/。

感谢产业界、学术界专家们宝贵的探索创新，感谢厚溥研究院和相关企业、相关大学院系的大力支持。

由于编者水平有限，本丛书中缺点和错误在所难免，尚希各位方家不吝批评指正。

"大数据人工智能系列教材"编写委员会

前言

Python 是一种解释型、面向对象、动态数据类型的高级程序设计语言。它是一门简约且功能强大的语言。优雅的语法和动态类型,能够让我们专注于问题研究和原型构建;庞大的 Python 标准库和丰富的扩展模块,则让我们的应用得以快速开发和实现。

Python 自 1991 年诞生以来,已逐渐成为最受欢迎的动态编程语言之一。Python 被广泛地应用于大数据、人工智能、云计算、Web 开发、系统运维、金融等众多领域。国内外知名企业,如谷歌、Facebook、YouTube、Redhat、腾讯、百度、阿里巴巴、网易、新浪等公司,都在企业内部使用了 Python 语言。同时,Python 语言还拥有不断发展壮大的开发者社区,可以为我们提供咨询和建议。在全球大数据、人工智能的产业环境下,Python 更具备了显著优势和广阔前景。

本书是"工信部国家级计算机人才评定体系"中的一本专业教材。"工信部国家级计算机人才评定体系"是由武汉厚溥教育科技有限公司开发,以培养符合企业需求的软件工程师为目标的 IT 教育体系。在开发该体系之前,我们对各行业大数据人工智能的岗位需求做了充分的调研,包括研究从业人员技术方向、项目经验和职业素质等方面的需求。通过对所面向学生的特点、行业需求的现状及实施等方面的详细分析,结合我公司对软件人才培养模式的认知,按照大数据人工智能专业总体定位要求,进行软件专业产品课程体系设计。该体系集应用软件知识和多领域的实践项目于一体,着重培养学生的熟练度、规范性、集成和项目能力,从而达到预定的培养目标。

本书同时也是北京百里半网络技术有限公司所编著的"大数据人工智能系列丛书"中的一本,它为该系列的其他 4 本专业教材提供了基础的编程语言支撑。

本书主要包含三大部分：Python 基础入门、Python 高级编程、Python 项目实践。Python 基础入门包括的内容有：Python 简介、环境准备与安装、Python 基本数据类型、运算符、控制流语句、函数、数据结构、文件操作、模块化及错误和异常。Python 高级编程涉及：面向对象编程和 Python 高级语言特性。项目实践则有：SMTP 邮件发送、XML 解析和网络编程。

书凝聚了厚溥编委会多年来的教学经验和成果，内容安排合理，层次清晰，通俗易懂，实例丰富，突出理论和实践的结合，可作为各类高等院校教材，也可供广大程序设计人员参考。

本书项目源代码和 PPT 教学课件可通过扫描下方二维码下载。

本书由北京百里半网络技术有限公司编著。本书编者长期从事项目开发和教学实施，并且对当前高校的教学情况非常熟悉，在编写过程中充分考虑到不同学生的特点和需求，加强了项目实践方面的教学。本书编写过程中，得到了武汉厚溥教育科技有限公司各级领导的大力支持，在此对他们表示衷心的感谢！

限于编写时间和编者的水平，书中难免存在不足之处，希望广大读者批评指正。

服务邮箱：476371891@qq.com。

源代码、PPT 下载

编　者

2019 年 3 月

目 录

第1章 准备与安装 1
  1.1 Python 简介 1
  1.2 Python 特性 2
  1.3 应用领域 4
  1.4 准备与安装 6
    1.4.1 Python 版本介绍 6
    1.4.2 Windows 下安装 Python 7
    1.4.3 Linux 下安装 Python 7
    1.4.4 第一个 Python 程序 8
    1.4.5 常用 IDE 介绍 8

第2章 变量与数据类型 15
  2.1 变量 15
    2.1.1 Python 变量 15
    2.1.2 变量命名 16
    2.1.3 Python 关键字 16
  2.2 数据类型 17
  2.3 变量赋值 18
  2.4 运算符 19
    2.4.1 算术运算符 19
    2.4.2 关系运算符 20
    2.4.3 赋值运算符 21
    2.4.4 逻辑运算符 22
    2.4.5 位运算符 22
    2.4.6 成员运算符 23
    2.4.7 身份运算符 23
  2.5 运算符优先级 24

第3章 控制与循环 27
  3.1 条件控制 27
    3.1.1 if 语句 28
    3.1.2 if else 语句 28
    3.1.3 elif 语句 29
    3.1.4 嵌套 if 语句 30
  3.2 循环 31
    3.2.1 while 循环语句 31
    3.2.2 while 无限循环 32
    3.2.3 while / else 语句 33

    3.2.4 while / pass 语句 ················ 34
    3.2.5 for 循环语句 ···················· 35
    3.2.6 for in range 语句 ················ 36
    3.2.7 循环控制语句：break ········· 37
    3.2.8 循环控制语句：continue ······ 37

第 4 章 函数 ································· 39
  4.1 函数定义与调用 ······················ 39
  4.2 函数的参数 ···························· 40
    4.2.1 位置参数 ························ 41
    4.2.2 关键字参数 ···················· 41
    4.2.3 默认参数 ························ 42
    4.2.4 不定长参数 ······················ 42
  4.3 变量作用域 ···························· 43
    4.3.1 局部变量 ························ 43
    4.3.2 global 语句 ····················· 44
  4.4 函数返回值 ···························· 45
    4.4.1 返回一个值 ······················ 45
    4.4.2 返回多个值 ······················ 46
    4.4.3 无返回值 ························ 46
    4.4.4 多条 return 语句 ··············· 47

第 5 章 数据结构 ··························· 49
  5.1 数字类型 ······························· 49
  5.2 字符串 ·································· 52
    5.2.1 子字符串访问 ·················· 53
    5.2.2 转义字符 ························ 53
    5.2.3 字符串格式化 ·················· 54
    5.2.4 字符串常见操作 ··············· 56
  5.3 列表 ····································· 61
    5.3.1 列表遍历 ························ 62
    5.3.2 列表运算 ························ 62

    5.3.3 列表排序 ························ 63
    5.3.4 列表常见操作 ·················· 63
  5.4 元组 ····································· 66
    5.4.1 元组赋值 ························ 66
    5.4.2 元组不可修改 ·················· 67
    5.4.3 元组常见操作 ·················· 68
  5.5 字典 ····································· 69
    5.5.1 字典创建与访问 ··············· 69
    5.5.2 字典遍历 ························ 70
    5.5.3 字典常见操作 ·················· 71
  5.6 集合 ····································· 72
    5.6.1 集合创建与访问 ··············· 72
    5.6.2 集合常见操作 ·················· 73

第 6 章 文件操作 ··························· 75
  6.1 打开文件 ······························· 75
  6.2 文件对象 ······························· 77
  6.3 读文件 ·································· 78
  6.4 写文件 ·································· 79
  6.5 二进制文件 ···························· 79

第 7 章 模块化 ······························· 81
  7.1 第一个模块 ···························· 81
  7.2 模块导入和使用 ······················ 82
    7.2.1 import 语句 ····················· 82
    7.2.2 from…import 语句 ············ 83
    7.2.3 from…import * 语句 ·········· 84
    7.2.4 __name__ 属性 ················· 84

第 8 章 错误和异常 ······················· 85
  8.1 语法错误 ······························· 85
  8.2 异常 ····································· 86

8.3	异常处理	87
8.4	抛出异常	90
8.5	定义清理行为	91
8.6	预定义清理行为	93

第 9 章 面向对象 · 95

9.1	类	95
	9.1.1 类术语介绍	96
	9.1.2 类对象	97
	9.1.3 实例对象	98
	9.1.4 类示例	98
9.2	继承	103
	9.2.1 单继承	103
	9.2.2 多继承	104
	9.2.3 继承示例	105
9.3	方法重写	111
9.4	类属性与方法	112
	9.4.1 类的属性	112
	9.4.2 类的私有属性	112
	9.4.3 类的方法	112
	9.4.4 类的私有方法	113
	9.4.5 示例	113

第 10 章 Python 高级特性 · 117

10.1	迭代器与生成器	117
	10.1.1 迭代器	117
	10.1.2 创建一个迭代器	119
	10.1.3 生成器	121
	10.1.4 生成器表达式	122
10.2	装饰器	123
	10.2.1 装饰器函数	123
	10.2.2 类装饰器	124

10.3	匿名函数	127
10.4	用户自定义异常	128
10.5	元类	130
	10.5.1 类也是一种对象	130
	10.5.2 动态地创建类	131
	10.5.3 认识元类	134
	10.5.4 自定义元类	136
10.6	多线程编程	138
	10.6.1 线程模块	139
	10.6.2 线程启动与停止	140
	10.6.3 线程同步	141
	10.6.4 线程通信	145
	10.6.5 防止死锁	146
10.7	全局解释器锁(GIL)	148

第 11 章 Python 实践：SMTP 邮件发送 · 151

11.1	知识点介绍	152
	11.1.1 名词解析	152
	11.1.2 电子邮件发送流程	152
11.2	案例实现	153
	11.2.1 使用 SMTP 发送文本格式邮件	153
	11.2.2 使用 SMTP 发送 HTML 格式邮件	156
	11.2.3 使用 SMTP 发送带附件的邮件	157
	11.2.4 SMTP 加密方式	160

第 12 章 Python 实践：XML 解析 · 161

12.1	知识点介绍	162

IX

	12.1.1	什么是 XML ················· 162
	12.1.2	Python SAX(Simple API for XML) ················· 162
	12.1.3	Python DOM(Document Object Model) ············· 163
	12.1.4	DOM 和 SAX 的区别 ····· 163
12.2	案例实现 ································ 164
	12.2.1	使用 SAX 提取电影信息 ·························· 164
	12.2.2	使用 DOM 提取电影信息 ·························· 171

第 13 章 Python 实践：网络编程 ······· 173

13.1 知识点介绍 ······························ 174
    13.1.1 名词解析 ······················ 174
    13.1.2 Socket 连接过程 ··········· 174
    13.1.3 TCP/IP 协议 ················ 175
    13.1.4 TCP/IP 网络编程步骤 ····· 176
    13.1.5 TCP 和 UDP 的区别 ······ 176
13.2 案例实现 ································ 177
    13.2.1 TCP/IP 编程 ················ 177
    13.2.2 UDP/IP 编程 ··············· 180
    13.2.3 地铁站售卡充值机编程 ························ 183

附录 1   Python 内置函数 ······················ 191

附录 2   Python 常用内置模块 ··············· 193

附录 3   Python 实现排序算法 ··············· 199

第1章

准备与安装

本章将介绍 Python 的基本特性、应用领域,以及安装使用方法。通过本章,你将轻松步入 Python 语言的世界,并初步了解到它的简洁与强大。

1.1 Python 简介

Python 是一种解释型、面向对象、动态数据类型的高级程序设计语言。它是一门简约且功能强大的语言:优雅的语法和动态类型能够让你专注于问题研究和原型构建;庞大的 Python 标准库和丰富的扩展模块,则让你的应用得以快速开发和实现。

> **Python名称的由来**
>
> Python的创造者吉多·范罗苏姆(Guido van Rossum)采用BBC电视节目《蒙提·派森的飞行马戏团(Monty Python's Flying Circus，一译巨蟒剧团)》的名字来为这门编程语言命名。

1.2 Python 特性

Python 具有以下几个特点。

1. 简单

"简单主义"是 Python 的一大特点，伪代码特质让用户在阅读一份优秀的 Python 代码时就如同在阅读英文文章一样。Python 极简的语法体系和丰富的功能使得学习它成为一种简单而又充满乐趣的事情。

2. 面向对象

Python 同时支持面向过程编程与面向对象编程。在"面向过程"时，程序是由过程或可重用代码的函数所构建起来的。在"面向对象"时，程序是由数据和功能组合而成的对象所构建起来的。与 C、Java 语言相比，Python 以一种简单而又强大的方式来实现面向对象编程。

3. 可移植性

由于其开放源码的特性，Python 已被 Linux、Windows、FreeBSD 等诸多平台所支持。如果你的 Python 程序不依赖系统特性，那么它将可以在其中任何一个平台上工作，而不必做出改动。

4. 解释性

Python 解释器把源代码转换成称为字节码的中间形式，然后再把它翻译成计算机使用的机器语言并运行。

5. 可扩展性

当需要将某段关键代码运行得更快时,可以将这部分程序用C或C++语言编写,然后在Python程序中使用它们。

6. 丰富的库

Python 拥有丰富的标准库,可以帮助用户处理各种工作,如正则表达式、文档生成、单元测试、线程、数据库、网页浏览器、CGI(Common Gateway Interface,通用网关接口)、FTP、电子邮件、XML、HTML、WAV 文件、密码系统、GUI(Graphical User Interface,图形用户界面),以及其他与系统有关的操作。

7. 规范的代码

Python 采用强制缩进的方式使得代码具有极佳的可读性。

> **Python与C**
> Python由C语言开发而来。Python的类库齐全并且使用简单,例如,如果要实现同样的功能,Python用10行代码就可以解决,而C语言可能就需要100行甚至更多。但Python的运行速度要比C语言慢。

> **视频课程**
> 更多 Python 特性的介绍,我们已发布视频课程。你可以扫描如下二维码进行观看:
>
>

Python 视频课程截图如图 1-1 所示。

图1-1 Python视频课程截图

 应用领域

Python 自 1991 年诞生以来,已逐渐成为最受欢迎的动态编程语言之一,如图 1-2 所示。

Jan 2019	Jan 2018	Change	Programming Language	Ratings	Change
1	1		Java	16.904%	+2.69%
2	2		C	13.337%	+2.30%
3	4	∧	Python	8.294%	+3.62%
4	3	∨	C++	8.158%	+2.55%
5	7	∧	Visual Basic .NET	6.459%	+3.20%
6	6		JavaScript	3.302%	-0.16%
7	5	∨	C#	3.284%	-0.47%
8	9	∧	PHP	2.680%	+0.15%
9	-	∧∧	SQL	2.277%	+2.28%
10	16	∧∧	Objective-C	1.781%	-0.08%

资料来源:https://www.tiobe.com。

图1-2 编程语言排行榜

1. Python被应用于众多领域

- 大数据、人工智能：典型的库有NumPy、SciPy、Matplotlib、Pandas、TensorFlow。
- 云计算：云计算是最热门的语言之一，典型的应用有OpenStack。
- Web开发：众多优秀的Web框架、大型网站均为Python开发，如Youtube、Dropbox、豆瓣等，典型的Web框架有Django。
- 系统运维：运维人员必备的语言。
- 金融：用于量化交易、金融分析等。在金融工程领域，Python不但在用，而且用得非常多，重要性也逐年提高，原因是作为动态语言的Python，语言结构清晰简单，库丰富，成熟稳定，科学计算和统计分析都很强大，生产效率远远高于C、C++、Java，尤其擅长策略回测。
- 图形GUI：典型应用有PyQT、WxPython、TkInter。

2. Python在一些公司的应用

- 谷歌：Google App Engine、code.google.com、Google earth、谷歌爬虫、Google广告等项目都在大量使用Python开发。
- CIA：美国中情局网站是使用Python开发的。
- NASA：美国航天局(NASA)大量使用Python进行数据分析和运算。
- YouTube：世界上最大的视频网站YouTube就是用Python开发的。
- Dropbox：美国最大的在线云存储网站，全部用Python实现，每天网站处理10亿个文件的上传和下载。
- Instagram：美国最大的图片分享社交网站，每天超过三千万张照片被分享，这全部是用Python开发的。
- Facebook：大量的基础库均是通过Python实现的。
- Redhat：Linux发行版本中的yum包管理工具就是用Python开发的。
- 豆瓣：公司几乎所有的业务均是通过Python开发的。
- 知乎：国内最大的问答社区，是通过Python开发的。

除此之外，还有腾讯、百度、阿里巴巴、盛大、网易、搜狐、金山软件、淘宝、新浪等公司都在使用Python完成各种各样的任务。

1.4 准备与安装

本节将介绍 Python 环境的准备,以及 Python 常用的 IDE 的安装和使用。

1.4.1 Python版本介绍

目前,Python 有两个主要版本:Python 2.x 和 Python 3.x。为了不带入过多的累赘,Python 3 在设计的时候没有考虑向下兼容,所以几乎所有的 Python 2 程序都需要一些修改才能正常地运行在 Python 3 环境下。Python 2.x 和 3.x 版本的主要区别如表1-1所示。

表1-1　Python 2.x和Python 3.x的主要区别

版本	Python 2.x	Python 3.x
Unicode	使用ASCII码作为默认编码方式,string有str和unicode两种类型	只有Unicode字符串一种类型
print	print""或者print()打印都可以正常输出	只能使用print()打印,否则会出现SyntaxError类型错误
input raw_input	Input:输出原生的数据类型,输入什么类型的值,就输出什么类型。raw_input:全部以字符串形式输出	Python 3.x版本取消了raw_input方法,只能使用input方式提示输入字符串,该方法和Python 2.x版本的raw_input()相同。如果想要实现与Python 2.x input()输出原生数据类型值,可以使用eval(input())
class	Python 2.x支持新式类和经典类,使用新式类时,类继承顺序会影响最终继承的结果	必须使用新式类,解决了类之间继承顺序的问题
/	例如:1/2 Python 2.x输出的值为0	例如:1/2 Python 3.x输入的值为0.5

由于 Python 3.x 版越来越普及,本书将以 Python 3.6 版本为基础来介绍 Python。安装程序下载地址: https://www.python.org/downloads/。

1.4.2　Windows下安装Python

根据你的 Windows 版本(64 位还是 32 位)，从 Python 的官方网站下载 Python 3.6 对应的安装程序。打开安装包，运行界面如图 1-3 所示。

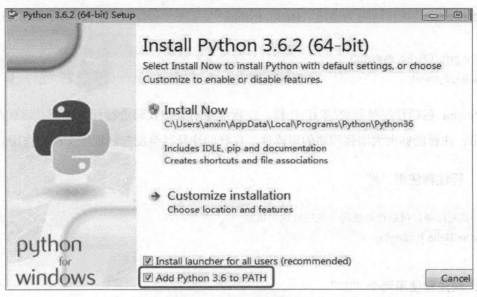

图1-3　Python 3.6安装界面

注意勾选 Add Python 3.6 to PATH 复选框，然后单击 Install Now 按钮即可完成安装。

1.4.3　Linux下安装Python

不同风格的Linux使用不同的包管理器来安装新包。Centos基本都会默认安装Python 2，如需使用Python 3，则要另外安装。在Centos 7上，Python 3可使用来自终端的以下命令安装。

```
# 安装 EPEL 和 IUS 软件源
yum install epel-release -y
yum install https://centos7.iuscommunity.org/ius-release.rpm -y

# 安装 Python 3.6
yum install python36u -y

# 创建 Python 3 连接符
ln -s /bin/python3.6 /bin/python3
```

1.4.4 第一个Python程序

我们可以使用 Python 自带的 IDLE 编写并执行第一个 Python 程序。在 Python 安装目录下，找到并打开 IDLE，输入"print ("Hello, Python!")"，然后换行，第一个 Python 程序就开始执行了，执行结果为输出"Hello, Python!"。

```
>>> print ('Hello, Python!')
Hello, Python!
```

Python 包括行注释和块(多行)注释。在程序中对某些代码进行标注说明，这就是注释的作用。注释能够大大增强程序的可读性，良好的注释甚至能起到程序文档的作用。

1. 行注释使用"#"

```
# 我是注释，可以在这里写一些功能说明信息
print('Hello Python!')
```

2. 块注释使用两个"""""

```
"""
作者：xxx
时间：2019.08
功能描述：此方法实现了...
"""
def func():
    pass
```

1.4.5 常用IDE介绍

1. PyCharm安装与使用

PyCharm 是 JetBrains 开发的 PythonIDE，其具备 IDE 所有的常见功能，如调试、语法高亮、Project 管理、代码跳转、智能提示、自动完成、单元测试、版本控制等。

进入 PyCharm 官方网站(http://www.jetbrains.com/pycharm/download)下载 PyCharm 安装包，根据自己计算机的操作系统进行选择。对于 Windows 系统，可选择如图 1-4 中所示的

安装包。

图1-4　Windows系统的PyCharm安装程序

PyCharm 安装包下载完成后，按照默认选项进行安装即可。

安装完成后打开 PyCharm，如图 1-5 所示，选择 Create New Project 来创建第一个 Python 程序：first_python。

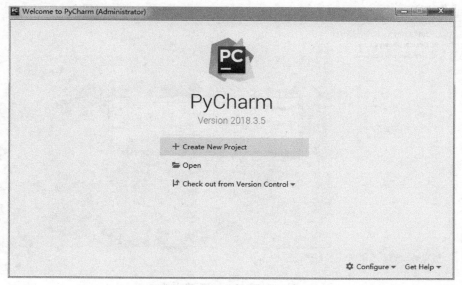

图1-5　PyCharm初始打开界面

进入图 1-6 所示的界面，设置 Project 路径和名称，单击 Create 按钮创建该 Project。

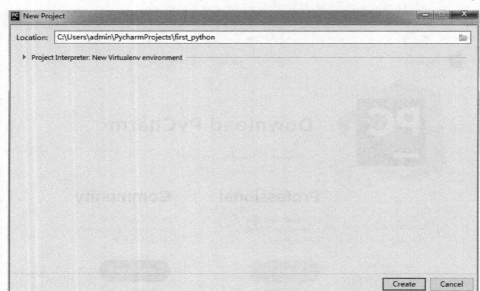

图1-6　PyCharm新建工程

Project 创建成功后，右击 first_python，选择 New Python file，输入文件名称，如图 1-7 所示。

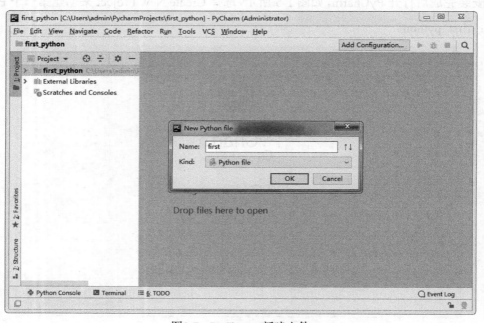

图1-7　PyCharm 新建文件

在新建的 first.py 文件中，输入 print('Hello, Python!')，保存文件，如图 1-8 所示，右击 first.py 文件，在右键菜单中，单击 Run 'first'选项，运行该 Python 程序。

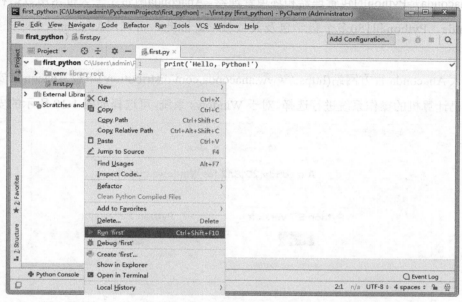

图1-8　PyCharm 运行程序

第一个 Python 程序 first.py 执行成功，执行结果如图 1-9 所示。

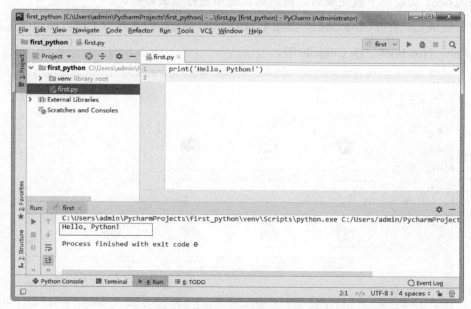

图1-9　PyCharm 程序运行结果

2. Anaconda安装与使用

Anaconda是Python的包管理器和环境管理器。Anaconda附带了一大批常用数据科学包，包括conda、Python和150多个科学包及其依赖项。因此，可以用Anaconda立即开始处理数据。

进入Anaconda官方网站(https://www.anaconda.com/distribution/)下载Anaconda安装包，根据自己计算机的操作系统进行选择。对于Windows系统，可选择如图1-10所示的安装包。

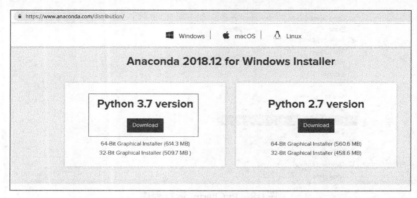

图1-10　Anaconda安装包

Anaconda安装包下载完成后，按照默认选项进行安装即可。

安装完成后，打开Anaconda。如图1-11所示的Home标签展示了可以使用的工具，如JupyterLab、Notebook、Qt Console等。

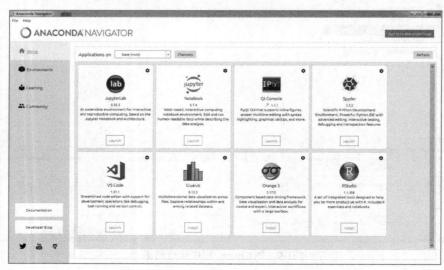

图1-11　Anaconda Home界面

Environments标签展示了Anaconda管理的Python环境。安装程序默认创建了base(root)环境，右侧显示了该环境下安装的模块，详见图1-12。

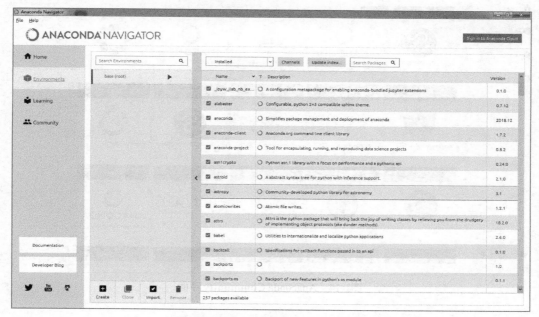

图1-12　Anaconda Environments界面

Learning 和 Community 标签则展示了一些学习文档和社区，详见图1-13和图1-14。

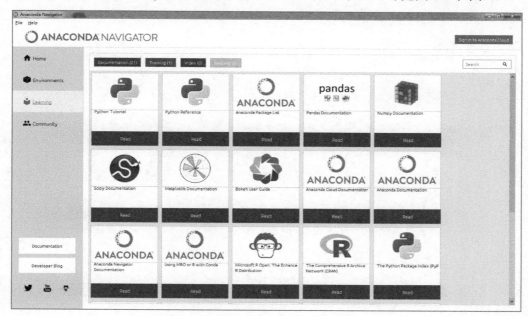

图1-13　Anaconda Learning界面

图1-14　Anaconda Community界面

第 2 章

变量与数据类型

本章将介绍 Python 语言的底层基本要素：变量、数据类型和运算符。通过本章的学习，我们可以了解到什么是变量、变量有哪些类型、如何定义一个变量，以及如何对这些变量进行运算，得到新的结果。

2.1 变量

变量来源于数学，是计算机语言中能存储计算结果或能表示值的抽象概念。变量可以通过变量名访问。编程语言中最常做的事情就是对数据的处理，也即对变量的操作。

2.1.1 Python变量

Python 中的变量不需要声明，也没有类型。每个变量在使用前都必须赋值，变量赋值以后该变量才会被创建，我们所说的"类型"是变量对应的字面值或者所指的内存中对象的类型。

大家可以类比一下现实生活中，如去商场购物结账的时候，我们挑选的物品就可以看作是变量，变量的含义就是物品的价格。我们在收银台结账就好比程序中对变量(物品价格)的操作。

在程序中，如果需要对两个数据，或者多个数据进行求和，则需要把这些数据先存储起来，然后累加起来即可，如下示例。

```
>>> num1 = 100    # num1 就是一个变量
>>> num2 = 120    # num2 也是一个变量
>>> result = num1 + num2 # 对两个变量求和，结果存放到 result 变量中
>>> print (result) # 访问结果变量
220
```

2.1.2 变量命名

Python 变量名称一般称为标识符，用来标识变量、函数、类、模块或其他对象的名称。就像人起名字一样，变量也有一定的命名规则。

规则：标识符由数字、字母或下画线(_)组成，注意数字不能在最前面。

Python 不允许在标识符中使用@、$和%等标点字符。Python 是一种区分大小写的编程语言，因此，字母 i 和 I 在 Python 中是两个不同的标识符。

对于变量命名，还需要注意以下几点。

- 为变量起个有意义的名字，以表明变量的用途。例如，name、age比arg1和arg2好。
- 不要使用Python关键字和内置函数名作为变量名。例如，求和的结果不应该命名为sum，因为sum是Python的内置求和函数。
- 当变量名包含多个单词时，使用下画线(_)对单词进行分隔。例如，可以使用apple_price变量来表示"苹果的价格"，也可以使用"驼峰式"命名法，即除了第一个单词小写外，其他单词首字母均大写，如applePrice、greenApplePrice。

2.1.3 Python关键字

Python 关键字是指 Python 已经使用的、具有特殊功能的标识符。关键字也称为保留字，不能把它们用作任何标识符名称。例如，把 for 作为变量名，将会看到语法错误的提示。

```
>>> for = 1
SyntaxError: invalid syntax
```

可以使用如下方法打印出所有 Python 3 中的关键字。

>>> help("keywords")
Here is a list of the Python keywords.   Enter any keyword to get more help.

False	def	if	raise
None	del	import	return
True	elif	in	try
And	else	is	while
As	except	lambda	with
Assert	finally	nonlocal	yield
Break	for	not	
Class	from	or	
Continue	global	pass	

2.2 数据类型

Python 3 中有 6 个标准的数据类型，如图 2-1 所示。

图2-1　Python 3 标准数据类型

17

在 Python 中，只要定义了一个变量，且有数据，那么其类型就已经确定了，不需要开发者主动地去声明它的类型，系统会自动辨别。可以使用 type(变量名)来查看变量的类型。

2.3 变量赋值

Python 中使用等号"="来给变量赋值，等号"="运算符左边是变量名，右边是赋给该变量的值。

```
>>> name = "apple"          # 字符串型
>>> count = 10              # 数值型(整型)
>>> price = 25.5            # 数值型(浮点型)
>>> type (name)             # 查看 name 变量的类型
<class 'str'>
>>> type (count)            # 查看 count 变量的类型
<class 'int'>
>>> type (price)            # 查看 price 变量的类型
<class 'float'>
>>> print (name, count, price, sep=", ")    # 打印变量值
apple, 10, 25.5
```

Python 允许同时给多个变量分配一个值。

```
>>> i = j = k = 1
>>> print (i, j, k, sep=", ")
1, 1, 1
```

在这里，用值 1 创建一个 Integer 对象，然后同时赋给变量 i、j 和 k，这 3 个变量都被分配到相同的内存位置。

我们还可以为多个变量分配多个对象，等号"="运算符左边的变量名使用逗号","隔开。

```
>>> name, count, price = "apple", 10, 25.5    # 同时为多个变量赋不同值
>>> print (name, count, price, sep=", ")      # 打印变量值，与变量单独赋值效果一样
```

apple, 10, 25.5

视频课程

更多关于 Python 变量与数据类型的介绍,我们已发布视频课程。你可以扫描如下二维码进行观看:

2.4 运算符

2.4.1 算术运算符

Python 的算术运算符如表 2-1 所示。

表2-1 Python的算术运算符

运算符	描述	示例(假设变量x为100,y为22)
+	加。两个对象相加,如果操作数是字符串,则表示字符串拼接	>>> x + y 122
-	减。得到负数或是两数相减	>>> x - y 78
*	乘。两个数相乘,或者返回一个被重复若干次的字符串	>>> x * y 2200 >>>"Python" * 3 'PythonPythonPython '

19

(续表)

运算符	描述	示例(假设变量x为100, y为22)
/	除。两数相除	>>> x / y 4.545454545454546
%	取模。返回除法的余数	>>> x % y 12
**	幂。返回x的y次幂	>>> x ** 2 10000
//	取整除。两数相除，结果向下取整数	>>> x // y 4

2.4.2 关系运算符

关系运算符用来比较其两边的值，并返回它们之间的关系。关系运算符也被称为比较运算符。Python 的关系运算符如表 2-2 所示。

表2-2　Python的关系运算符

运算符	描述	示例(假设变量x为100，y为22)
==	等于。比较对象是否相等	>>> x == y False
!=	不等于。比较两个对象是否不相等	>>> x != y True
>	大于。返回x是否大于y	>>> x > y True
<	小于。返回x是否小于y	>>> x < y False
>=	大于或等于。返回x是否大于或等于y	>>> x >= y True
<=	小于或等于。返回x是否小于或等于y	>>> x <= y False

2.4.3 赋值运算符

Python 除了提供等号"="赋值运算符外，还提供了其他赋值运算符，这些运算符使得 Python 中赋值操作更加简洁方便。Python 的赋值运算符如表 2-3 所示。

表2-3　Python的赋值运算符

运算符	描述	示例(假设变量x为100，y为22)

=	简单的赋值运算符	>>> z = x + y
		>>> print (z)
		122

+=	加法赋值运算符	>>> x += y　　# 等效于x = x + y
		>>> print (x)
		122

-=	减法赋值运算符	>>> x -= y　　# 等效于x = x-y
		>>> print (x)
		78

*=	乘法赋值运算符	>>> x *= y　　# 等效于x = x*y
		>>> print (x)
		2200

/=	除法赋值运算符	>>> x /= y　　# 等效于x = x/y
		>>> print (x)
		4.545454545454546

%=	取模赋值运算符	>>> x %= y　　# 等效于x = x%y
		>>> print (x)
		12

**=	幂赋值运算符	>>> x **= 2　　# 等效于x = x ** 2
		>>> print (x)
		10000

//=	取整除赋值运算符	>>> x //= y　　# 等效于x = x// y
		>>> print (x)
		4

2.4.4 逻辑运算符

Python 支持的逻辑运算符有：and、or 和 not。Python 的逻辑运算符如表 2-4 所示。

表2-4　Python的逻辑运算符

运算符	描述	示例(假设变量x为100，y为22)
and	布尔"与"。如果x为False，则x and y返回False；x为True，则返回y的值	>>> x and y 22
or	布尔"或"。如果x是True，则返回x的值，否则返回y的值	>>> x or y 100

not	布尔"非"。如果x为True，则返回False；如果x为False，则返回True	>>> not x
		False
		>>> not (x == y)
		True

2.4.5 位运算符

位运算符把数字看作二进制位来进行计算。Python 的位运算符如表 2-5 所示。

表2-5　Python的位运算符

运算符	描述	示例(假设变量x为3，y为5)
&	按位与运算符。参与运算的两个值，如果两个相应位都为1，则该位的结果为1，否则为0	>>> x & y 1
|	按位或运算符。只要对应的两个二进制位有一个为1，结果位就为1	>>> x | y 7
^	按位异或运算符。当对应的二进制位相异时，结果为1	>>> x ^ y 6
~	按位取反运算符。对数据的每个二进制位取反，即把1变为0，把0变为1	>>> ~x　# 等同于 -x - 1 -4
<<	左移动运算符。运算数的各二进制位全部左移若干位，由"<<"右边的数指定移动的位数，高位丢弃，低位补0	>>> x << y 96

(续表)

运算符	描述	示例(假设变量x为3，y为5)
>>	右移动运算符。把">>"左边的运算数的各二进制位全部右移若干位，">>"右边的数指定移动的位数	>>> x >> 1 1

2.4.6 成员运算符

Python 的成员运算符测试成员是否存在于序列中，如字符串、列表或元组。Python 的成员运算符如表 2-6 所示。

表2-6　Python的成员运算符

运算符	描述	示例(假设变量x为"Python"，y为"Hello, Python!")
in	如果在指定的序列中找到值，则返回True，否则返回False	>>> x in y True
not in	如果在指定的序列中没有找到值，则返回True，否则返回False	>>> x not in y False

2.4.7 身份运算符

身份运算符用于比较两个对象的存储单元是否相同。Python 的身份运算符如表 2-7 所示。

表2-7　Python的身份运算符

运算符	描述	示例(假设变量x为"Python"，y为"Hello, Python！"，z为"Python")

is	判断两个标识符是否引用自一个对象	>>> x is y
		False
		>>> x is z
		True

is not	判断两个标识符是否引用不同对象	>>> x is not y True

2.5 运算符优先级

如果有一个诸如"x+y*z"的表达式，是先进行加法运算还是先进行乘法运算呢？我们的数学知识会告诉我们应该先做乘法操作，因为乘法运算符的优先级要高于加法运算符。同样在Python中，所有运算符都有特定的运算优先级。

表2-8列出了Python语言从最高到最低优先级的所有运算符。

表2-8 Python运算符的优先级

运算符	描述
**	指数(最高优先级)
~ + -	按位翻转，一元加号和减号(最后两个的方法名为+@和-@)
* / % //	乘、除、取模和取整除
+ -	加法、减法
>> <<	右移、左移运算符
&	位 'AND'
^ |	位运算符
<= <>>=	比较运算符
<> == !=	等于运算符
= %= /= //= -= += *= **=	赋值运算符
Is, is not	身份运算符
In, not in	成员运算符
and, or, not	逻辑运算符(最低优先级)

示例：

```
>>> 1 + 2 * 3 ** 2   # 运算顺序为 1 + (2 * (3 ** 2))
19
>>> 1 + 2 << 1       # 运算顺序为 (1 + 2) << 1
6
```

我们也可以使用圆括号"()"来指定运算顺序,或者提高表达式的可读性。

```
>>> ((1 + 2) * 3) ** 2
81
```

第3章

控制与循环

在实际项目中,程序并不都是"顺序"执行的,往往需要编写分支(选择)、循环(重复)等逻辑代码。例如,班主任需要对学生综合成绩进行判断,从而决定是否给予奖学金,以及奖学金的等级;银行需要对客户做出分析,以此判断客户的信用等级和贷款额度。这些都属于分支结构。

循环结构也很常见,循环就意味着重复。例如,地球自转、公转是一个重复执行的行为,超市收银员扫描客户商品也是一种重复执行的行为。

本章将针对分支结构和循环结构做出详细讲解。

3.1 条件控制

Python条件语句是对程序执行过程中出现的情况的预期,以及根据条件所采取的具体行动。判断结构评估多个表达式,其结果为真或假。我们需要确定当结果为真或假时,分别执行哪些操作。

在 Python 的条件判断语句中，如下值均为 False：0、""、' '、None、[]、()。

3.1.1 if 语句

if 可单独使用，如果布尔表达式计算为 True，则执行 if 语句块中的语句。在 Python 中，块中的语句在 ":" 符号之后需要一致地缩进。如果布尔表达式求值为 False，则 if 语句块不会被执行。

语法：

```
if expression:      # 如果 expression 为 True，则执行下面语句
    statement(s)    # if 代码块，可以包含一行或多行语句
```

示例：

```
today = 'Monday'
if today is 'Monday':
    print('今天是星期一')

if today is not 'Monday':
    print('今天不是星期一')
```

运行结果：

```
今天是星期一
```

3.1.2 if else 语句

else 语句可以与 if 语句结合使用。else 语句包含一个代码块，如果 if 语句中的条件表达式解析为 False，则执行 else 代码块。

else 语句是一个可选的语句，最多只能有一个 else 语句。

语法：

```
if expression:           # expression 为 True，则执行 if，否则执行 else
    statement(s)         # if 代码块，可以包含一行或多行语句
else:                    # else 最多只能有一个
```

```
    statement(s)         # else 代码块，可以包含一行或多行语句
```

示例：

```
today = 'Monday'
if today is 'Monday':
    print('今天是星期一')
else:
    print('今天不是星期一')
```

运行结果：

```
今天是星期一
```

3.1.3　elif 语句

elif 语句允许检查多个表达式，并执行第一个条件为 True 的代码块。与 else 语句类似，elif 语句是可选的，但 elif 语句可以有多个。

语法：

```
if expression1:         # 条件 1
    statement(s)
elif expression2:       # 条件 2
    statement(s)
elif expression3:       # 条件 3
    statement(s)
else:                   # 当上述条件都不满足时，执行 else 代码块
    statement(s)
```

示例：

```
color = 'red'
if color == 'white':
    print('Color is white.')
elif color == 'blue':
    print('Color is blue.')
```

```
    elif color == 'yellow':
        print('Color is yellow.')
    elif color == 'red':
        print('Color is red.')
    else:
        print('Unknown color.')
```

运行结果：

```
Color is red.
```

3.1.4 嵌套 if 语句

在条件解析为True后，可能还需要检查其他条件。在这种情况下，可以使用嵌套的if语句。

语法：

```
if expression1:            # 外部条件 1
    statement(s)
    if expression2:        # 内部嵌套条件 1
        statement(s)
    elif expression3:      # 内部嵌套条件 2
        statement(s)
    else                   # 内部嵌套条件 3
        statement(s)
elif expression4:          # 外部条件 2
    statement(s)
else:                      # 外部条件 3
    statement(s)
```

示例：

```
apple_color = 'red'
apple_price = 15

if apple_color == 'red':
```

```
            if apple_price == 10:
                print('The price of red apple is 10.')
            elif apple_price == 15:
                print('The price of red apple is 15.')
            else:
                print('The price of red apple is 20.')
        elif apple_color == 'green':
            print('The price of green apple is 10.')
        else:
            print('The price of other apple is 20.')
```

运行结果：

```
The price of red apple is 15.
```

视频课程

更多关于 Python 条件控制语句的介绍，我们已发布视频课程。你可以扫描如下二维码进行观看：

3.2 循环

在一般情况下，程序代码是顺序执行的。当需要重复多次执行相同的语句时，可以编写多条相同的语句，然后顺序执行。当然，也可以使用本节将要介绍的循环语句。

3.2.1 while循环语句

在Python编程语言中，while语句能够在某个条件语句为真的前提下，重复执行某个语句块。

语法：

```
while expression:
    statement(s)
```

示例：

```
# 初始化变量
count = 0

# 当 count 小于 9 时，重复执行该 while 语句块
while count < 9:
    print("The count is: ', count)

    # 更新变量，加 1
    count += 1

# while 循环结束时，执行这里
print('Good Bye!')
```

运行结果：

```
The count is:   0
The count is:   1
The count is:   2
The count is:   3
The count is:   4
The count is:   5
The count is:   6
The count is:   7
The count is:   8
Good Bye!
```

3.2.2　while无限循环

如果一个条件永远不为假，那么循环就变成了无限循环。在使用循环语句时，必须注意是

否会产生预期之外的无限循环。在交互式环境中，可以使用 Ctrl+C 快捷键退出无限循环。

在服务器需要持续运行的客户机/服务器编程中，可能会用到无限循环，以便客户端程序可以在需要时与服务器端进行通信。

示例：

```
flag = 1
# 条件永远为真，这是一个无限循环
while flag == 1:
# input()是 Python 内置函数，用来接收用户输入
s = input('Enter a string: ')
print('You entered: ', s)
```

运行结果：

```
Enter a string: hello
You entered:    hello
Enter a string: hello python
You entered:    hello python
```

3.2.3　while / else 语句

在 Python 编程语言中，while 语句还可以结合 else 语句使用，当 while 语句的条件为 False 时，执行 else 的语句块。

语法：

```
while expression:
    statement(s)
else:
    statement(s)
```

示例：

```
# 初始化变量
count = 0
# 当 count 小于 9 时，重复执行该 while 语句块
```

```
while count < 9:
    print('The count is: ', count)
    # 更新变量，加 1
    count += 1
# while 语句条件为 False 时，执行 else 语句块
else:
    print('Good Bye!')
```

运行结果：

```
The count is:   0
The count is:   1
The count is:   2
The count is:   3
The count is:   4
The count is:   5
The count is:   6
The count is:   7
The count is:   8
Good Bye!
```

3.2.4　while / pass语句

pass 语句可以配合 while 循环一起使用。在 while 循环体中，暂时还没有思路的代码块，可以使用 pass 占位。pass 语句不同于 continue，在跳过 pass 代码块后，后续代码块依旧会执行。pass 语句可以保持程序结构的完整性，即使代码块中只有 pass，程序也可正常执行。

```
while expression:
    pass
```

示例：

```
# 初始化变量
count = 0
# 当 count 小于 9 时，重复执行该 while 语句块
while count < 9:
```

```
    if count = = 8:
        pass
    else:
        print('The count is: ', count)
    # 更新变量，加 1
    count += 1
# while 语句条件为 False 时，执行 else 语句块
else:
    print('Good Bye!')
```

运行结果：

```
The count is:  0
The count is:  1
The count is:  2
The count is:  3
The count is:  4
The count is:  5
The count is:  6
The count is:  7
Good Bye!
```

3.2.5　for循环语句

for...in 语句是 Python 的另一种循环语句，它会在一系列对象上进行迭代，遍历序列中的每一个项目。我们可以将序列理解为一系列项目的有序集合，在后面的"数据结构"章节中将介绍更多有关"序列"的知识。for 语句也可以结合 else 一起使用。

for 循环语法：

```
for item in sequence:
    statement(s)
else:  # 可选
    statement(s)
```

示例：

```
# 循环遍历字符串'Python'
for letter in 'Python':
    print('Current Letter: ', letter)
```

运行结果：

```
Current Letter:  P
Current Letter:  y
Current Letter:  t
Current Letter:  h
Current Letter:  o
Current Letter:  n
```

3.2.6　for in range语句

for in range 语句是 Python for 循环的另外一种循环构造语句，其会在一个指定的数字区间内循环固定的次数，这种循环在后续的学习中非常常见。

语法：

```
for item in range(start, stop[, step]):
    statement(s)
```

其中与循环范围相关的几个值如下。

- start：计数从start开始，默认是从0开始。例如，range(5)等价于range(0,5)。
- stop：计数到stop结束，但不包括stop。例如，range(0,5)是[0,1,2,3,4]，没有5。
- step：步长，默认为1。例如，range(0,5)等价于range(0,5,1)。

示例：

```
# 从 1 开始循环，每次增加 2，直到 8 为止(不包含 8)
for i in range(1, 8 ,2):
    print(i)
```

运行结果：

```
1
3
5
7
```

3.2.7　循环控制语句：break

break 语句用来在某一条件下，跳出当前循环体。使用 break 会终止当前循环，break 之后的循环语句，包括 else 语句块，都不会被执行。

示例：

```python
# 循环遍历字符串'Python'
for letter in 'Python':
    # 遇到字符't'，则跳出循环
    if letter == 't':
        break

    print('Current Letter: ', letter)
# 如果循环被 break 终止，则 else 语句块不会被执行
else:
    print('Done')
```

运行结果：

```
Current Letter:  P
Current Letter:  y
```

3.2.8　循环控制语句：continue

continue 语句被用来告诉 Python 跳过本轮循环的剩余语句，然后继续进行下一轮循环。

示例：

```python
# 循环遍历字符串'Python'
for letter in 'Python':
```

```
    # 遇到字符't'，则结束本轮循环
    if letter == 't':
        continue

    print('Current Letter: ', letter)
else:
    print('Done')
```

运行结果，注意字符't'没有打印：

```
Current Letter:  P
Current Letter:  y
Current Letter:  h
Current Letter:  o
Current Letter:  n
Done
```

视频课程

更多关于 Python 循环控制语句的介绍，我们已发布视频课程。你可以扫描如下二维码进行观看：

第 4 章

函　数

函数是一组有组织的、可重用的代码,用于实现单一或相关联的功能。我们也可以将函数简单理解为一个带名字的代码块,它可以通过函数名反复调用。函数能够使应用程序模块化,提高代码的重复利用率。在实际编程中,我们应该将完成某一具体功能的语句块定义在一个函数中。

Python 提供了许多内置函数,如 print()、sum()等,更多内置函数见"附录 1"。当然也可以创建自己的函数,这被叫作用户自定义函数。

4.1　函数定义与调用

Python 中函数的定义遵循一些简单的规则,具体如下。

语法：

```
def 函数名(参数列表):
    函数体
```

- 函数以关键字def开始，然后是函数名、圆括号()，以及冒号":"。
- 任何传入的参数都必须放在圆括号内。
- 函数的代码块必须被缩进，没有缩进的语句不会被包含在函数内。
- 返回语句"return [表达式](可选)"用于退出一个函数，并可选地将表达式传回给调用者。没有返回内容的返回语句将会默认返回None。函数也可以没有return语句。

函数本身并不会主动执行，需要手动调用。当调用同文件中定义的函数时，直接使用函数名进行调用即可。如果调用其他模块中的函数，则需要先导入模块，具体导入方法将在"第 7 章 模块化"章节介绍。

这里演示一个最简单的函数定义和调用方法。

```python
# 定义函数 hello_python
def hello_python():
    # 函数语句块，必须缩进
    print('Hello Python!')

# 调用函数 hello_python
hello_python()
```

运行结果：

```
Hello Python!
```

函数的参数

函数的参数用来向函数传递有用信息。如果函数的执行过程依赖外部环境，那么我们就需要给函数传递参数。参数的值由函数调用者提供，它们在函数运行时均已完成赋值。

参数是在函数名之后的一对圆括号中指定的，多个参数使用逗号分隔。当函数被调用时，需要以同样的形式提供参数值。在定义函数时给定的参数称作"形参"(Parameters)，在调用函数时提供给函数的值称作"实参"(Arguments)。

4.2.1 位置参数

位置参数是指在调用函数时，根据函数定义的参数位置来传递参数值，参数的顺序必须一一对应。

```
def print_info( name, age ):
    # 打印任何传入的字符串
    print ("姓名: ", name)
    print ("年龄: ", age)
    return

# 调用 print_info 函数
print_info ('Alice', 7)
```

运行结果：

```
姓名:  Alice
年龄:  7
```

4.2.2 关键字参数

关键字参数和函数调用关系紧密，函数调用使用关键字参数来确定传入的参数值。

使用关键字参数允许函数调用时参数的顺序与声明时不一致，因为 Python 解释器能够用参数名匹配参数值。

以下实例在函数 print_info()调用时使用参数名。

```
# 以下是用关键字参数正确调用函数的示例
print_info(name='Alice', age=7)
print_info(age=7, name='Alice')
print_info('Alice', age=7)
```

```
# 以下是错误的调用方式
print_info(name='Alice', 7)
print_info(age=7, 'Alice')
```

通过上面的代码,我们可以发现:有位置参数时,位置参数必须在关键字参数的前面,但关键字参数之间不存在先后顺序。

4.2.3 默认参数

定义函数时,可以为参数提供默认值。在函数调用时,如果没有传递参数,则会使用参数的默认值。以下实例中如果没有传入 age 参数,则 age 使用默认值 5。

```
def print_info( name, age=5 ):
    # 打印任何传入的字符串
    print ("姓名: ", name)
    print ("年龄: ", age)
    return

# 调用带默认参数的 print_info 函数
# age 使用默认值 5
print_info ('Alice')
```

不管是函数定义,还是调用,所有位置参数必须出现在默认参数前,如下函数定义是错误的。

```
def print_info( name='Alice',age ):
    print ("姓名: ", name)
    print ("年龄: ", age)
    return
```

4.2.4 不定长参数

定义函数时,有时不确定调用时会传递多少个参数,此时,可以使用不定长参数。

基本语法如下:

```
def functionname([formal_args,] *var_args_tuple ):
    function_suite
    return [expression]
```

加了星号 * 的参数会以元组(tuple)的形式导入,存放所有未命名的参数

```
>>> def print_info( name, *info):
    print ("姓名: ", name)
    print (info)
    return

>>> print_info('Alice', 7, 'girl', 22)
姓名:   Alice
(7, 'girl', 22)
```

加了两个星号 ** 的参数会以字典的形式导入。

```
>>> def print_info( name, **info):
    print ("姓名: ", name)
    print (info)
    return

>>> print_info('Alice', age= 7, sex= 1)
姓名:   Alice
{'age': 7, 'sex': 1}
```

4.3 变量作用域

变量的作用域(Scope)是指变量的有效作用范围,是变量重要的属性。在使用变量前,必须弄清楚变量的作用域。

4.3.1 局部变量

当变量定义在函数内部时,不会以任何方式与函数外部同名变量产生关联,也就是说,这

些变量只存在于函数这一局部(Local)区域。所有局部变量的作用域是它们被定义的块，且从定义点开始。

```
x = 50

def func(x):
    print('x is', x)
    x = 2
    print('Change local x to', x)

func(x)
print('x is still', x)
```

输出：

```
x is 50
Change local x to 2
x is still 50
```

当我们第一次打印 func 函数中 x 的值时，Python 使用的是主代码块中定义的 x 的值：50。接着，我们将数字 2 赋值给 x。x 是函数的局部变量，因此，当我们改变局部变量 x 的值时，主代码块中的 x 不会受到影响。

最后一个 print 语句打印出主代码块中定义的 x 的值。由此可以确认它并不受 func 函数中局部变量的影响。

4.3.2　global语句

如果想给一个在程序顶层的变量赋值(也就是说它不存在于任何作用域中，无论是函数还是类)，那么必须"告诉"Python这一变量并非局部的，而是全局(Global)的。我们需要通过 global 语句来完成这件事，因为在不使用 global 语句的情况下，不可能为一个定义于函数之外的变量赋值。

我们可以直接使用定义于函数之外的变量的值(假设函数中没有具有相同名字的变量)，但应该避免这种使用方式，因为它对于程序的读者来说是含糊不清的，无法弄清楚变量的定义究竟在哪里。而通过使用 global 语句，便可清楚地看出这一变量是在最外边的代码块中定义的。

```
x = 50

def func():
    global x

    print('x is', x)
    x = 2
    print('Change global x to', x)

func()
print('Value of x is', x)
```

输出：

```
x is 50
Change global x to 2
Value of x is 2
```

global 语句用以声明 x 是一个全局变量。因此，当我们在函数中对 x 进行赋值时，这一改动将影响我们在主代码块中定义的 x。

我们可以在同一句 global 语句中指定不止一个的全局变量，如 global x, y, z。

4.4 函数返回值

函数并不总是用来显示输出的。相反，我们更多的是使用函数来对数据做特定处理，然后返回一些有用信息。这些信息或者数据使用 return 语句来返回给函数的调用者。

4.4.1 返回一个值

返回一个简单的值：

```
def my_sum(a, b):
```

```
# 计算传入参数的和
ret = a + b

# return 语句返回计算结果
return ret

# 调用函数 my_sum，参数 a=1, b=2
c = my_sum(1, 2)
print('函数返回值为：', c)
```

运行结果：

函数返回值为：3

return 语句也可以没有返回值，此时等效于 return None。

4.4.2 返回多个值

无论函数的返回值是什么类型，return 语句只能返回单个值。Python 中返回多个值(多个值之间用逗号区分)，实际上是被 Python 隐式地封装成了一个元组返回。

```
>>> def swap(x, y):
        return y, x

>>> x, y =1, 2
>>> x, y = swap(x, y)
>>> print (x, y)
2 1
```

4.4.3 无返回值

Python 函数无返回值，即返回值为 None，有以下 3 种情况。

- 不写返回值，即没有return语句。
- 只写一个return，return语句后不包含任何内容。
- return None，这种写法几乎不用。

4.4.4 多条return语句

一个函数可以存在多条 return 语句，但只有一条可以被执行。如果没有任何 return 语句被执行，Python 会隐式调用 return None 来结束函数调用。如果函数执行了 return 语句，函数会立刻返回，结束调用，return 之后的其他语句都不会被执行。

```
>>> def guess(x):
    if x > 10:
        return '%d > 10' % x
    else:
        return '%d <=10' % x

>>> print (guess(8))
8 <=10
>>> print (guess(12))
12 > 10
```

视频课程

更多关于 Python 函数的介绍，我们已发布视频课程。你可以扫描如下二维码进行观看：

第 5 章

数 据 结 构

数据结构作为程序中数据的主要表达形式和操作对象，是我们应当重点学习和掌握的知识点。Python 内置了若干操作简单、功能强大的数据结构，包括数字类型、字符串、列表、元组、字典和集合等。本章将介绍这些数据类型的定义、创建方法，以及常用的操作。

5.1 数字类型

Python 数字类型用于存储数值。在编程中，经常使用数字来表示计数、价格、排名、温度等信息。Python 中数字类型是不允许修改的，这就意味着，如果更改某个数字类型变量的值，Python 将会重新分配内存空间来存储新的数值，并将该数值赋给变量。

当将数值赋给变量时，Number 类型的对象将被创建。

```
count = 20
rank = 1
price = 1.5
```

使用 del 语句可以删除对一个数字对象的引用。

```
price = 1.5
del price
```

Python 支持不同的数值类型,具体如下。

- int(有符号整数): 通常被称为整数,它们是正的或负的整数,没有小数点。Python 3中的整数具有无限大小。Python 2中有int和long两个整数类型; Python 3中没有"长整数"。

对整数进行加、减、乘、除运算:

```
>>> a, b = 2, 5
>>> a + b
7
>>> a - b
-3
>>> a * b
10
>>> a / b
0.4
```

- float(浮点数): 代表实数,由整数部分与小数部分组成。浮点数也可以用科学符号表示,e或E表示10的幂($2.5e2 = 2.5 \times 10^2 = 250.0$)。

浮点数计算,注意计算结果中所包含的小数位数可能是不确定的:

```
>>> a, b = 0.5, 0.2
>>> a + b
0.7
>>> a * b
0.1
>>> a + b + b
0.8999999999999999
```

```
>>> a * b * b
0.020000000000000004
```

- complex(复数): 复数由实数部分和虚数部分构成，如a + bj，实部a和虚部b都是浮点型，在Python编程中，不常用复数。

Python 中整型数值可以表示为十进制(最常用的表示方式)、二进制(0b 开头)、八进制(0o 开头)和十六进制(0x 开头)。例如，十进制数字 33 可以表示为：

```
>>> 33                # 默认十进制
33
>>> 0b100001          # 二进制以 0b 开头
33
>>> 0o41              # 八进制以 0o 开头
33
>>> 0x21              # 十六进制以 0x 开头
33
>>> 0x21 * 2          # 十六进制直接进行计算
66
```

Python 内置了数字类型转换函数 int(*x*)和 float(*x*)，用来将其他类型的数据转换为对应的数字类型。使用示例：

```
>>> int(12.35)        # 将浮点型转换为整型
12
>>> int ("12")        # 将字符串转换为整型
12
>>> float("12.34")    # 将字符串转换为浮点型
12.34
```

表 5-1 展示了 Python 内置的一些数学函数，在编程过程中涉及对数字的处理时，可能会使用到。

表5-1 Python 3数学函数

函数	描述和示例
abs(*x*)	返回数字的绝对值，如abs(-10)返回10

(续表)

函数	描述和示例
ceil(x)	返回数字的上入整数，如math.ceil(4.1)返回5
exp(x)	返回e的x次幂(e^x)，如math.exp(1)返回2.718281828459045
fabs(x)	返回数字的绝对值，如math.fabs(-10)返回10.0
floor(x)	返回数字的下舍整数，如math.floor(4.9)返回4
log(x)	如math.log(math.e)返回1.0，如math.log(100,10)返回2.0
log10(x)	返回以10为基数的x的对数，如math.log10(100)返回2.0
max(x1, x2,...)	返回给定参数的最大值，参数可以为序列，如max(1,2,3)返回3
min(x1, x2,...)	返回给定参数的最小值，参数可以为序列，如max(1,2,3)返回1
pow(x, y)	x**y运算后的值，如pow(3,2)返回9
round(x [,n])	返回浮点数x的四舍五入值，如给出n值，则代表舍入到小数点后的位数，如round(1.2345, 2)返回1.23
sqrt(x)	返回数字x的平方根，如sqrt(9)返回3.0

5.2 字符串

字符串就是一系列字符，是 Python 中最常用的数据类型之一，我们可以简单地使用引号(' 或")来创建它们。创建字符串就像给变量赋值一样简单，例如：

```
>>> hello ="Hello Python!"
>>> program = 'Python Programming'
```

Python 对待单引号和双引号是一样的，其内容都被视为字符串。

Python没有字符类型

如果我们学习过C语言，那么可能会了解到C语言中有一个字符类型char——使用单引号的单个字符，例如，C语言中定义一个char类型变量：

```
char c = 'a';
```

而在Python中，没有单独的字符类型。单引号和双引号的内容都被视为字符串。

注意字符串是不可变的，对字符串元素的修改会得到如下错误：

```
>>> hello ="Hello Python!"
>>> hello[0] = "h"
TypeError: 'str' object does not support item assignment
```

5.2.1 子字符串访问

Python 可以使用方括号[]和索引值来访问子字符串。示例：

```
>>> hello ="Hello Python!"
>>> hello[1]              # 按索引访问单个字符
'e'
>>> hello[-7]             # 索引值为负数，表示从右往左计数
'P'
>>> hello[0:5]            # 使用 [:] 访问子字符串
'Hello'
>>> hello[:5]             # ":"左侧为 0 时，可以省略
'Hello'
>>> hello[6:]             # 当子串取到字符串末尾时，":"右侧数字可以省略
'Python!'
>>> hello[6:-1]           # 配合负数使用
'Python'
>>> hello[-7:-1]          # 从右往左取子串
'Python'
```

5.2.2 转义字符

有时在字符串中会包含一些特殊字符，如引号、换行符、制表符等。Python 使用反斜杠(\)来对这些特殊字符进行转义。Python 中的转义字符见表 5-2。

表5-2 Python中的转义字符

转义字符	描述
\(在行尾时)	续行符
\\	反斜杠符号
\'	单引号
\"	双引号
\a	响铃
\b	退格(Backspace)
\e	转义
\000	空
\n	换行
\v	纵向制表符
\t	横向制表符
\r	回车
\f	换页
\oyy	八进制数,yy代表的字符,例如,\o12代表换行
\xyy	十六进制数,yy代表的字符,例如,\x0a代表换行
\other	其他字符以普通格式输出

例如,字符串中包含引号和换行符,可以按如下方式来定义:

```
>>> hello = "Hello \n \"Python\"!"    # 使用反斜杠(\)转义引号和换行符
>>> hello                              # 查看字符串
'Hello \n "Python"!'
>>> print(hello)                       # 打印字符串,字符串换行
Hello
 "Python"!
```

5.2.3 字符串格式化

字符串格式化是一个非常强大且实用的功能,该功能可以将不同数据类型的内容转换为字

符串类型。字符串格式化使用了不同的格式化符号，来格式化不同的数据类型。例如，%s 用来格式化字符串，%d 用来格式化整型，%f 用来格式化浮点型。

我们以商场的收银系统为例，在客户结账时，需要将客户购买的商品信息，如商品数量、商品名称、商品描述、总价等，汇总成一条账单信息。这里的商品数量是整型，商品名称和描述是字符串型，总价是浮点型，而要汇总的账单信息则是字符串类型。用 Python 的字符串格式化功能来实现该任务，代码如下所示：

```
>>> amount = 5                # 商品数量
>>> color = 'red'             # 商品描述
>>> fruit = 'apple'           # 商品名称
>>> total_price = 25.8        # 总价
>>> bill_info = "The total price of these %d %s %s is %.2f." % (amount, color, fruit, total_price)    #格式化
```

```
>>> print(bill_info)          # 输出账单信息
The total price of these 5 red apple is 25.80.
```

Python 字符串格式化符号如表 5-3 所示。

表5-3　Python字符串格式化符号

符号	描述
%c	格式化字符及其ASCII码
%s	格式化字符串
%d	格式化整数
%u	格式化无符号整型
%o	格式化无符号八进制数
%x	格式化无符号十六进制数
%X	格式化无符号十六进制数(大写)
%f	格式化浮点数字，可指定小数点后的精度
%e	用科学计数法格式化浮点数
%E	作用同%e，用科学计数法格式化浮点数
%g	%f和%e的简写

(续表)

符号	描述
%G	%f和%E的简写
%p	用十六进制数格式化变量的地址

在 Python 3 中，格式化字符串还可以使用函数 str.format()，该函数使用"{}"和":"来代替"%"。使用 format()函数实现账单打印功能的代码如下所示：

```
>>> bill_blank = "The total price of these {} {} {} is {:.2f}."
>>> bill_info = bill_blank.format(amount, color, fruit, total_price)    # 使用 format()函数
>>> print(bill_info)
The total price of these 5 red apple is 25.80.
```

注意在代码中，"%d"和"%s"都被"{}"替代，也就是说，Python 会自动解析参数的类型，并将其转换为字符串。注意，当需要保留指定位数的小数时，仍然需要显式地指定，例如，本例中总价保留两位小数，则需指定为"{:.2f}"。

另外，str.format()使用了不定长参数(即函数可接收零至多个参数，参数长度不固定)。

5.2.4 字符串常见操作

字符串作为计算机程序中最常处理的数据类型之一，我们应该掌握如下几种操作。

1. 字符串拼接和重复

字符串拼接是字符串最常见的操作之一，常用于将两个或多个字符串拼接成一个字符串。Python 中可以使用加号(+)运算符来拼接字符串，例如：

```
>>> a = "Hello "
>>> b = "Python!"
>>> c = a + b
>>> print(c)
Hello Python!
```

当需要将字符串重复指定次数时，可以使用乘号(*)运算符，例如：

```
>>> star = "*"
>>> many_stars = "*" * 10          # 乘以 10 后，得到 10 个*
>>> print (many_stars)
```

2. 判断是否包含某个子串

当判断字符串是否包含某个子串时，可以使用 in / not in。示例如下：

```
>>> hello = "Hello Python!"
>>>"Python" in hello
True
>>>"python" in hello          # 区分大小写
False
>>>"python" not in hello
True
```

Python 还内置了 startswith/endswith 函数，用于判断字符串是否以某个字符串开始或结尾。这在检验字符串是否具有某一特征，以及字符串过滤时，特别有用。应用示例：

```
>>> hello = "Hello Python!"
>>> hello.startswith("Hello")          # 变量 hello 是否以"Hello"开始
True
>>> hello.endswith("Python!")          # 变量 hello 是否以"Python!"结尾
True
>>> hello.endswith("Python")           # hello 末尾还有个"!"，所以返回 false
False
```

3. 获取子字符串

除了使用 5.2.1 节中介绍的直接截取子字符串方法外，我们还可能需要获取具有某个指定特征的子字符串。这在做文本解析时会经常遇到，例如，编写一个爬虫程序，解析指定标签的内容。

假如我们已经获取了一个 HTML 页面，它的内容非常简单："<p>This is a paragraph. Hello

Python!</p>"。然后我们需要对<p>和</p>之间的内容进行解析,即获取子字符串:"This is a paragraph. Hello Python!"。这个功能该如何实现呢?

我们可以参照如下 Python 代码:

```
>>> hello = "<p>This is a paragraph. Hello Python!</p>"    # 将 HTML 内容赋值给 hello 变量
>>> left_index = hello.find("<p>")                          # 使用 find 函数,获取子串的左下标
>>> left_index += len("<p>")                                # 对左下标进行修正,len 函数获取字符串长度
>>> right_index = hello.find("</p>")                        # 使用 find 函数,获取子串的右下标
>>> sub_hello = hello[left_index : right_index]             # 使用[:]截取子串
>>> print(sub_hello)                                        # 输出子串,验证子串是否正确获取
This is a paragraph. Hello Python!
```

这里使用了字符串常用的 len()和 find()函数。

```
len(string)
    返回字符串长度
find(str, beg=0 end=len(string))
    检测 str 是否包含在字符串中,如果指定范围 beg 和 end,则检查是否包含在指定范围内。如果包含,则返回开始的索引值,否则返回-1。
```

4. 字符串替换

当需要将字符串的某些内容替换为其他字符时,可以使用Python的字符串替换函数replace()。

```
replace(old, new [, max])
    将字符串中的 old 替换成 new,如果指定了 max,则替换不超过 max 次。
```

示例:

```
>>> hello = "Hello Python!"
>>> hello_java = hello.replace("Python", "Java")    # 将 hello 中的"Python"替换为"Java"
>>> print (hello_java)
Hello Java!
```

5. 字符串转换

类似于int(*x*)将其他类型转换为整型,Python也内置了str(*x*)函数,将其他类型转换为字符串。例如:

```
>>> count = 100                # 定义一个整型变量
>>> count_str = str(count)     # 使用 str()函数将整型变量转换为字符串
>>> count_str                  # 查看字符串内容
'100'
>>> type(count_str)            # 查看变量类型,'str'为字符串类型
<class 'str'>
```

6. 大小写转换

在对字符串进行比较时,待比较的字符串可能是大写,也可能是小写,或者首字母大写。有时我们并不关注字符串大小写情况,而只关注其内容的实际含义。例如,对于 HTML 标签而言,<p>和<P>含义是相同的,它们都用来标记了一个段落。

此时我们可以针对不同情况分别做判断,或者使用Python提供的字符串大小写转换函数,将字符串转换为统一格式后(同为大写或同为小写),再进行比较判断。

示例代码如下:

```
def parse_p(html):
    """
    解析<p>和<P>标签
    :param html: html 字符串,包含标签和内容
    :return1: 返回标签内容
    """
    # 使用字符串的 lower()函数,将参数 html 转换为小写格式
    html_low = html.lower()

    # 定义返回值,默认为 None
    ret = None

    # 判断是否以<p>开始,并且以</p>结尾
```

```
    if html_low.startswith('<p>') and \
        html_low.endswith('</p>'):
        # 获取标签内容
        ret = html[3:-4]

    # 返回<p>标签内容，或者 None
    return ret

# 调用 parse_p 函数，参数使用小写的<p>
html = '<p>This is a paragraph.Hello Python!</p>'
content = parse_p(html)
print(content)

# 调用 parse_p 函数，参数使用大写的<P>
html = '<P>This is a paragraph.Hello Python!</P>'
content = parse_p(html)
print(content)
```

运行结果：

```
This is a paragraph.Hello Python!
This is a paragraph.Hello Python!
```

如上述结果所示，对于小写的标签<p>…</p>和大写的标签<P>…</P>，程序都能正确解析，并返回标签内容。Python 字符串还有一个 upper()函数，用来将字符串转换为大写格式。我们可以尝试使用 upper()函数，对上述示例代码做少量修改，来实现同样的功能。

7. 去除空格

有时我们从网络或本地文件获取的文本信息，其首尾包含一些无用的空格，对这些字符串做实际处理之前(如保存到日志文件中)，需要将这些空格去掉。Python 提供了 3 个去除空格的函数，如下：

```
lstrip()
    截掉字符串左边的空格
rstrip()
```

　　　　删除字符串末尾的空格
strip()
　　　　删除字符串首尾的空格，相当于在字符串上执行 lstrip()和 rstrip()

使用示例：

```
>>> hello = "    Hello Python!    "      # 字符串两端包含多个空格
>>> hello.lstrip()                       # 删除字符串首部所有空格
'Hello Python!    '
>>> hello.rstrip()                       # 删除字符串末尾所有空格
'    Hello Python!'
>>> hello.strip()                        # 删除字符串首尾所有空格
'Hello Python!'
```

5.3　列表

　　列表是一系列有序数值的集合，它可以包含任意的 Python 数据类型，如字符串、数字、列表、元组等。列表所包含的值一般称为列表的元素，也叫作列表的项。

　　Python 使用方括号"[]"来表示列表，并用逗号来分隔其中的元素。下面是一些简单的列表示例。

```
>>> nums = [10, 20, 30, 40]              # 这是个整数列表
>>> fruits = ['apple', 'banana', 'grape'] # 这是个字符串列表
>>> colors = ['red', 'yellow', 'violet']
>>> nums2 = [i for i in range(10)]       # 使用 range 函数生成一个列表
>>> print (nums2)
[0, 1, 2, 3, 4, 5, 6, 7, 8, 9]
```

列表也可以不含任何元素，称为空列表：

```
>>> empty = []
```

5.3.1 列表遍历

实际编程中，我们通常需要对列表中所有元素进行处理，而不仅仅是操作某个元素。这时，就需要对列表进行遍历。Python 中通常使用 for 循环来遍历列表中的所有元素。

```
fruits = ['apple', 'banana', 'grape', 'pear']
# 使用 for 循环遍历 fruits 列表中的所有元素
for fruit in fruits:
    print(fruit)
```

运行结果：

```
apple
banana
grape
pear
```

如果需要在列表遍历时，对列表元素进行修改，则要用到元素的索引。一般来说，这需要把两个内置函数 range 和 len 结合起来使用：

```
fruits = ['apple', 'banana', 'grape', 'pear']
# 使用 range 和 len 获取列表索引
for i in range(len(fruits)):
    # 使用索引修改列表元素：转换为大写格式
    fruits[i] = fruits[i].upper()
print(fruits)
```

运行结果：

```
['APPLE', 'BANANA', 'GRAPE', 'PEAR']
```

5.3.2 列表运算

在 5.2.4 节中，我们介绍了字符串可以使用加号(+)和乘号(*)运算符对字符串进行拼接，以及重复指定次数。这两个运算符同样可以应用于列表，结果与字符串类似。

使用加号(+)运算符把列表拼接在一起：

```
>>> list_a = [1, 2, 3]
>>> list_b = [4, 5, 6]
>>> list_c = list_a + list_b        # 使用加号(+)运算符将 list_a 和 list_b 拼接成 list_c
>>> print (list_c)
[1, 2, 3, 4, 5, 6]
```

使用乘号(*)运算符将列表重复指定次数：

```
>>> list_a = [1, 2, 3]
>>> list_b = list_a * 3             # 使用乘号(*)运算符将列表 list_a 重复 3 次，结果赋给 list_b
>>> print (list_b)
[1, 2, 3, 1, 2, 3, 1, 2, 3]
```

5.3.3 列表排序

在程序开发时，我们往往需要对序列进行排序，如获取点击量排行榜、最受欢迎的 Top10 商品等。Python 内置了 list.sort 和 sorted 两个排序函数。list.sort 函数会修改列表本身的顺序；而 sorted 函数不会对列表本身做修改，它会返回一个有序列表。

```
>>> list_num = [25, 12, 30, 18]              # 定义一个整型列表
>>> list_num.sort()                          # 使用 sort 函数排序
>>> print (list_num)                         # 列表本身的顺序被改变
[12, 18, 25, 30]
>>> list_num.sort(reverse = True)            # 设置 reverse = True，进行反向排序
>>> print (list_num)
[30, 25, 18, 12]
>>> print (sorted(list_num))                 # 使用 sorted 函数排序，返回有序列表
[12, 18, 25, 30]
>>> print (list_num)                         # 原列表顺序没有变化
[30, 25, 18, 12]
```

5.3.4 列表常见操作

我们通常会对列表进行遍历，然后针对每个元素做处理。当然，列表也有一些其他常见的

操作，如列表元素的访问、修改、添加和删除等。

1. 列表元素访问

列表是个有序集合，可以通过中括号"[]"和元素索引来访问列表中的一个元素，或者多个元素(返回一个列表)。访问方法与字符串中访问单个字符和子字符串类似。获取子列表的操作通常被称为列表切片。

```
>>> fruits = ['apple', 'banana', 'grape']
>>> fruit_0, fruit_1 = fruits[0], fruits[1]       # 获取 fruits 列表的第 0 个和第 1 个元素
>>> print(fruit_0, fruit_1, sep=", ")
apple, banana
>>> fruit_0_1 = fruits[0:2]                        # 同时获取 fruits 列表的第 0 个和第 1 个元素
>>> print(fruit_0_1)
['apple', 'banana']
>>> fruits[0:2]                                    # 列表切片：获取列表前两个元素
['apple', 'banana']
>>> fruits[:2]                                     # ":"左侧为 0 时，可以省略
['apple', 'banana']
>>> fruits[-2:]                                    # 列表切片：获取列表最后两个元素，使用负数索引值
['banana', 'grape']
>>> fruits[1:2]                                    # 列表切片：返回指定范围的子列表
['banana']
```

2. 列表元素修改

与字符串不同，列表的元素是可以修改的。

例如，将 fruits 列表的第 0 项修改为'pear'：

```
>>> fruits[0] = 'pear'
>>> print(fruits)
['pear', 'banana', 'grape']
```

3. 列表元素添加

Python 对列表元素进行动态地添加和插入，也非常简单。

使用 append 函数将'pear'添加到列表末尾：

```
>>> fruits = ['apple', 'banana']
>>> fruits.append('pear')
>>> print(fruits)
['apple', 'banana', 'pear']
```

使用 insert 函数在 fruits 列表指定位置插入元素：

```
>>> fruits.insert(2, 'grape')
>>> print(fruits)
['apple', 'banana', 'grape', 'pear']
```

4. 列表元素删除

使用 del 语句删除 fruits 列表的指定项：

```
>>> fruits = ['apple', 'banana', 'grape', 'pear']
>>> del fruits[2]
>>> print(fruits)
['apple', 'banana', 'pear']
```

我们还可以使用 pop 和 remove 函数来删除列表元素。

pop 函数用来删除列表指定索引位置的元素，并返回该元素的值。如果索引未指定，则默认删除并返回最后一个元素。

```
>>> fruits = ['apple', 'banana', 'grape', 'pear']
>>> fruit = fruits.pop()              # pop 默认删除并返回最后一个元素
>>> print (fruit)                     # 打印返回值
pear
>>> print (fruits)                    # 查看列表，最后一个元素已被删除
['apple', 'banana', 'grape']
>>> fruit = fruits.pop(1)             # pop 删除并返回索引值为 1 的元素
>>> print (fruit)                     # 打印返回值
banana
>>> print (fruits)                    # 查看列表，索引值为 1 的元素已被删除
['apple', 'grape']
```

remove 函数则根据元素值来进行删除。如果指定的元素值存在，则删除第一个匹配项。

```
>>> fruits = ['apple', 'banana', 'grape', 'pear']
>>> fruits.remove("grape")
>>> print (fruits)
['apple', 'banana', 'pear']
```

视频教程

更多关于 Python 列表数据结构的介绍，我们已发布视频课程。你可以扫描如下二维码进行观看：

5.4 元组

元组和列表很相似，但元组是不可变的，不能对元组中的元素进行添加、修改或删除操作。元组可以保护列表元素不被修改。Python 使用元组来对函数的变长参数进行解析，以及对函数返回的多个值进行封装。

5.4.1 元组赋值

元组的语法是一系列用逗号分隔的值，通常使用一对圆括号把元组元素包括起来：

```
>>> t = (1, 2, 3, 4 ,5)
```

要建立一个单元素构成的元组，必须要在结尾加上逗号。若只在括号放一个值，则并不是元组。

```
>>> t = (1,)                # 这是一个元组
>>> t = (1)                 # 这是一个整型变量
```

我们还可以使用内置函数 tuple 来建立元组。不提供参数的情况下，默认就建立一个空的元组。如果参数是一个序列(如字符串、列表或者元组)，结果就会得到一个以该序列元素组成的元组。

```
>>> t = tuple()             # 这是一个空元组
>>> t = tuple("Hello Python!")# 使用字符串创建一个元组
>>> print(t)
('H', 'e', 'l', 'l', 'o', ' ', 'P', 'y', 't', 'h', 'o', 'n', '!')
>>> t = tuple([1, 2, 3, 4, 5])    # 使用列表创建一个元组
>>> print (t)
(1, 2, 3, 4, 5)
```

5.4.2 元组不可修改

元组是不可变的，这一特性类似于 Python 中的字符串。但如果想修改元组中的某个元素，就会得到错误：

```
>>> t = (1, 2, 3, 4 ,5)
>>> t[0] = 2
TypeError: 'tuple' object does not support item assignment
```

虽然元组是不能修改的，但可以用另一个元组来替换已有的元组，或者重建一个新元组。

```
>>> t = (1, 2, 3, 4 ,5)
>>> t2 = (6, 7, 8)
>>> t = t2                  # 使用其他元组进行替换
>>> print (t)
(6, 7, 8)
>>> t = (1, 2, 3)           # 重建一个新元组
>>> print (t)
(1, 2, 3)
```

5.4.3 元组常见操作

元组的不可变特性使得它的应用没有列表广泛,但在下面场景中,我们可能会用到元组。

1. 多变量赋值

我们在介绍变量时,提到过同时对多个变量赋不同值的方法,而赋值语句右侧就是一个不带圆括号的元组。

```
>>> name, count, price = "apple", 10, 25.5      # 多变量赋值语句右侧是一个不带圆括号的元组
>>> print (name, count, price, sep=", ")         # 打印变量值,与变量单独赋值效果一样
apple, 10, 25.5
```

2. 交换两个数的值

在程序开发中,我们经常需要将两个数值进行交换,如排序操作。

我们先看一看不使用元组的情形,一般会用到一个临时变量,示例代码:

```
>>> i , j = 1, 2
>>> temp = i            # 将待替换的变量保存到一个临时变量中
>>> i = j
>>> j = temp
>>> print(i, j)
2 1
```

如果使用元组,则可以直接交换变量的值:

```
>>> i , j = 1, 2
>>> i, j = j, i         # 使用元组,直接交换变量的值
>>> print(i, j)
2 1
```

3. 作为函数的参数或返回值

元组可以作为函数的参数或返回值,用来处理不定长参数和多返回值的情况。详细内容可

以参考第 4 章"函数的参数"和"函数返回值"两个小节。

5.5 字典

字典是一个用大括号括起来的键值对，字典元素分为两部分，即键(key)和值(value)，它们使用冒号":"连接。字典的"键"是不可变的，一般用字符串或整型数值表示；"值"是可变的，取值类型可以是字符串、数值、列表或嵌套字典。

5.5.1 字典创建与访问

Python 中字典可以使用"{}"或者内置的 dict 来创建。

```
>>> dt = {}                                    # 定义一个空字典
>>> dt ={'name': 'Alice', 'age': 7}            # 定义两个键值对的字典
>>> print (dt)
{'name': 'Alice', 'age': 7}
>>> dt = dict(name="Alice", age=7)             # 使用内置的 dict 函数生成字典
>>> print (dt)
{'name': 'Alice', 'age': 7}
>>> dt = dict([('name', 'Alice'), ('age', 7)]) # 使用内置的 dict 函数、列表和元组共同生成字典
>>> print (dt)
{'name': 'Alice', 'age': 7}
>>> dt = {i: i**2 for i in range(2, 6)}        # 使用 for 循环生成字典
>>> print (dt)
{2: 4, 3: 9, 4: 16, 5: 25}
```

字典正如其名，我们可以类比于生活中常用的工具书《新华字典》。《新华字典》主要内容就是汉字和它的释义，如果使用 Python 的字典数据结构来存储《新华字典》，那么汉字就是"键"，对应的释义就是"值"。

```
>>> xinhua_dict = {"我":"自称，自己，亦指自己一方：我们。我见(我自己的看法)。我辈。我侪(我们)。自我。我盈彼竭。","学":"效法，钻研知识，获得知识，读书：学生。"}
```

对 Python 字典的访问，也类似于查询《新华字典》，需要通过汉字(键)得到其释义(值)。我们可以使用熟悉的方括号和键来获取它的值。当访问不存在的键时，会出现错误。

```
>>> xinhua_dict["我"]              # 通过字典查询"我"的释义
'自称，自己，亦指自己一方：我们。我见(我自己的看法)。我辈。我侪(我们)。自我。我盈彼竭。'
>>> xinhua_dict["学"]              # 通过字典查询"学"的释义
'效法，钻研知识，获得知识，读书：学生。'
>>> xinhua_dict["你"]              # 访问不存在的键时，会出现错误
KeyError: '你'
```

5.5.2 字典遍历

Python 提供了 items 方法，用来返回字典中所有键值对序列。我们可以使用 items 函数和 for 循环来对字典进行遍历。

```
>>> dt = {i: i**2 for i in range(2, 6)}    # 使用 for 循环生成字典
>>> for key, val in dt.items():             # 使用 items 方法和 for 循环遍历字典
        print (key, val, sep=": ")

2: 4
3: 9
4: 16
5: 25
```

Python 还提供了 keys 和 values 方法，可以使用它们分别对键和值做遍历。

```
>>> for key in dt.keys():                   # 使用 keys 方法对字典中所有的键进行遍历
        print (key)
2
3
4
5
>>> for val in dt.values():                 # 使用 values 方法对字典中所有的值进行遍历
        print (val)
4
9
```

```
16
25
```

5.5.3 字典常见操作

Python 字典数据结构常见的操作有字典元素修改、添加和删除。

1. 字典元素修改

字典中的键不可变,但值可以修改。

```
>>> xinhua_dict["我"] = "自称,自己,亦指自己一方"
>>> print (xinhua_dict["我"])
自称,自己,亦指自己一方
```

2. 添加元素

向字典添加元素非常简单,操作类似于字典元素修改,只不过当字典中不存在该键时,会向字典添加一个元素(键值对)。例如,字典中没有"你"的释义,我们可以按照下面写法添加进去。

```
>>> xinhua_dict["你"] = "称对方,多指称一个人,有时也指称若干人"
```

3. 删除元素

我们可以根据"键"删除指定元素,也可以使用字典的 clear 方法,清空整个字典。

```
>>> dt = {i: i**2 for i in range(2, 6)}      # 使用 for 循环生成字典
>>>print (dt)
{2: 4, 3: 9, 4: 16, 5: 25}
>>> del dt[3]                                 # 删除键为 3 的元素
>>>print (dt)
{2: 4, 4: 16, 5: 25}
>>> dt.clear()                                # 清空字典
>>>print (dt)
{}
```

视频课程

更多关于 Python 字典数据结构的介绍,我们已发布视频课程。你可以扫描如下二维码进行观看:

5.6 集合

集合是一个无序的不重复元素序列。我们常使用集合来记录一组数据,然后判断某一个数据是否在该数据集中。因为集合常用来判断元素存在与否,所以存放重复的元素就显得没有必要了。同时,为了更快地检索到数据是否存在,集合内部会动态更新元素存储顺序,所以从外部来看,集合是无序的。除了数据检索外,求取两个集合的交集或并集,在集合操作中也比较常见。

5.6.1 集合创建与访问

Python 使用大括号{}或者 set 函数来创建集合。

```
>>> fruits = {'apple', 'banana', 'grape'}              # 使用大括号{}创建集合
>>> fruits = set(['apple', 'banana', 'grape'])         # 使用 set 函数和列表创建集合
>>> fruits = set(('apple', 'banana', 'grape'))         # 使用 set 函数和元组创建集合
```

集合中元素的访问与前面介绍的其他数据结构不同,集合是无序的,它不支持索引访问。一般使用 for 循环来遍历集合中的元素,或者将集合转换为列表,再使用索引访问列表元素。

```
>>> fruits = {'apple', 'banana', 'grape'}
>>> for fruit in fruits:                 # 使用 for 循环遍历集合元素,注意元素顺序与创建时不同
        print (fruit)
```

```
banana
grape
apple
>>> li = list(fruits)                   # 将集合转换为列表
>>> li[0]                               # 使用索引访问列表元素
'banana'
```

5.6.2 集合常见操作

Python 的集合数据结构为我们提供了快速查找数据的方法，除此以外，以下几种集合操作我们也应该熟练掌握。

1. 添加元素

我们可以使用 add 函数将单个元素添加到集合中。注意，集合中已存在的元素，不会被重复添加。

```
>>> fruits = {'apple', 'banana', 'grape'}
>>> fruits.add('pear')                  # 添加新元素
>>> fruits
{'banana', 'pear', 'grape', 'apple'}
>>> fruits.add('apple')                 # 集合中已存在的元素，不会被重复添加
>>> fruits
{'banana', 'pear', 'grape', 'apple'}
```

当需要一次添加多个元素时，可以使用 update 函数，参数可以是列表、元组、字典等。

2. 删除元素

Python 提供了 remove 函数将元素从集合中移除，如果元素不存在，则会发生错误。使用 discard 函数也可以删除集合元素，且如果元素不存在，不会发生错误。

```
>>> fruits = {'apple', 'banana', 'grape'}
>>> fruits.remove('banana')
>>> fruits
```

```
{'grape', 'apple'}
>>> fruits.remove('pear')
KeyError: 'pear'
```

我们也可以使用 pop 函数随机删除集合中的一个元素。

3. 判断元素是否存在

使用集合数据结构时，经常需要判断一个数据是否存在于某个集合中。其操作方法非常简单，使用我们前面介绍的成员运算符"in"即可。

```
>>> fruits = {'apple', 'banana', 'grape'}
>>> 'apple' in fruits
True
>>> 'pear' in fruits
False
```

4. 交集/并集

当两个集合要进行交集和并集操作时，我们需要使用到"&"和"|"符号。"&"代表交集(两个集合相同的部分)，"|"代表并集(两个集合所有元素的去重集合)。

交集运算：

```
>>>set1 = {1, 2, 3}
>>>set2 = {2, 3, 4}
>>>set3 = set1 & set2
>>>print(set3)
{2, 3}
```

并集运算：

```
>>>set3 = set1 | set2
>>>print(set3)
{1, 2, 3, 4}
```

第6章

文件操作

计算机程序本质上是对数据进行处理,并将处理结果输出。在前面的代码示例中,数据主要来自标准输入,处理的结果则通过 print 方法直接打印到标准输出。而在实际项目开发中,我们更多的是对文件中的数据进行处理,如日志文件、图片文件等。

本章将介绍如何使用 Python 语言来操作文件,包括打开文件、读写文件、操作二进制文件等。

6.1 打开文件

Python 使用 open 方法来打开一个文件,并返回文件对象。对文件的处理都是基于这个文件对象。

语法格式为:

open(file, mode='r', buffering=-1, encoding=None, errors=None, newline=None, closefd=True, opener=None)

参数说明如下。

- file：必需，文件路径(相对或者绝对路径)。
- mode：可选，文件打开模式。常用的有阅读模式('r')，写入模式('w')和追加模式('a')。
- buffering：设置缓冲。
- encoding：一般使用utf8。
- errors：报错级别。
- newline：区分换行符。
- closefd：传入的file参数类型。

示例，打开"test.txt"文件：

```
# 打开文件
input = open("test.txt")
# 文件操作
# ……
# 关闭文件
input.close()
```

注意，使用上述方式完成文件操作后，必须使用close函数关闭文件。

Python还有另外一种更加常用的文件打开方式：使用with open语句。这种方式会在文件操作结束后，自动释放访问的文件对象，而不再需要我们手动释放。

使用方法：

```
with open(file,mode='r', buffering=-1, encoding=None, errors=None,
newline=None, closefd=True, opener=None) as variable
```

示例：

```
# 使用with open语句打开文件
with open('log.txt', 'r') as f:
# 进行文件操作，输出文件第一行
print(f.readline())
# with open语句块结束，自动释放文件资源
```

6.2 文件对象

file 对象使用 open 函数来创建，表 6-1 列出了 file 对象常用的函数。

表6-1 file对象常用的函数

序号	方法及描述
1	file.close() 关闭文件。关闭后文件不能再进行读写操作
2	file.flush() 刷新文件内部缓冲，直接把内部缓冲区的数据立刻写入文件，而不是被动地等待输出缓冲区写入
3	file.fileno() 返回一个整型的文件描述符(file descriptor FD整型)，可以用在如os模块的read方法等一些底层操作上
4	file.isatty() 如果文件连接到一个终端设备，则返回True，否则，返回False
5	file.next() 返回文件下一行
6	file.read([size]) 从文件读取指定的字节数，如果未给定或为负则读取所有
7	file.readline([size]) 读取整行，包括"\n"字符
8	file.readlines([sizeint]) 读取所有行并返回列表，若给定sizeint>0，返回总和大约为sizeint字节的行，实际读取值可能比sizeint大，因为需要填充缓冲区
9	file.seek(offset[, whence]) 设置文件当前位置

(续表)

序号	方法及描述
10	file.tell() 返回文件当前位置
11	file.truncate([size]) 从文件的首行首字符开始截断，截断文件为size个字符，无size表示从当前位置截断；截断之后后面的所有字符被删除，其中Windows系统下的换行代表2个字符大小
12	file.write(str) 将字符串写入文件，返回的是写入的字符长度
13	file.writelines(sequence) 向文件写入一个序列字符串列表，如果需要换行则要自己加入每行的换行符

 读文件

假设当前目录下有个日志文件 log.txt，该文件内容只有一个单词 Hello，我们来读取并打印其内容。

代码示例如下，注意这里使用了'r'(只读)模式打开文件：

```
with open ('log.txt', 'r') as f:
line = f.readline()
print(line)
```

运行结果：

```
Hello
```

6.4 写文件

我们再来向 log.txt 文件末尾写入"Python!",操作如下:

```
# 以追加写入(mode = 'a')的方式打开文件
with open ('log.txt', 'a') as f:
line = f.write(" Python!")
```

使用 6.3 节的方法读取该文件内容,将看到如下结果:

```
Hello Python!
```

正如我们所见,在'a'(追加)模式下打开文件,可以在文件末尾写入内容,而不必担心覆盖文件原有的内容。当需要对原文件内容进行覆盖写入,或者操作的是一个空文件时,我们可以使用'w'(写入)模式打开文件,并进行写入操作。示例如下:

```
# 以写入(mode = 'w')的方式打开文件
with open ('log.txt', 'w') as f:
line = f.write("Python")
```

再次查看 log.txt 文件内容,文件原有内容被覆盖,并写入了 Python:

```
Python
```

6.5 二进制文件

除文本文件外,二进制文件也会经常使用到。例如,我们经常浏览的图片就是二进制文件。

对二进制文件的操作也非常简单,只需要在用 open 函数打开文件时,指定二进制模式"b"

即可。以二进制只读的方式打开图片文件 test.jpg，如下：

open('test.jpg', 'rb')

第 7 章

模 块 化

在第 4 章介绍函数时，曾提到过函数为应用程序提供了模块化实现。在企业开发中，通常需要将不同的业务代码进行模块化管理，不同功能被定义在不同的模块中。模块化增强了代码的"内聚性"和"可重用性"，同时降低了代码维护、管理和重构的难度。

本章我们来系统地学习一下 Python 模块化。

7.1 第一个模块

模块是一个包含函数和变量的文件，其后缀名是.py。模块可以被其他程序引入，以使用该模块中的函数等功能。模块的模块名可以由全局变量__name__得到。

我们来尝试编写第一个模块，模块的功能为实现斐波那契数列，模块内容保存在 fibo.py 文

件中。示例代码如下:

```python
# Fibonacci numbers module

def fib(n):              # write Fibonacci series up to n
    a, b = 0, 1
    while b < n:
        print(b, end=' ')
        a, b = b, a+b
    print()

def fib2(n):             # return Fibonacci series up to n
    result = []
    a, b = 0, 1
    while b < n:
        result.append(b)
        a, b = b, a+b
    return result
```

7.2 模块导入和使用

我们在使用其他模块的功能时,需要先导入该模块。Python 提供了 import 语句和 from...import 语句来导入其他模块。

7.2.1 import 语句

import 命令语法:

```
import module1[, module2[,... moduleN]
```

当解释器遇到 import 语句时,会按照一定的搜索策略来查找要导入的模块。如果模块没有被找到,那么 import 语句会失败。一般来说,需要保证被导入的模块存在于如下某个位置中:

- 程序的根目录；
- PYTHONPATH环境变量设置的目录；
- 标准库的目录；
- 任何能够找到的.pth文件的内容；
- 第三方扩展的site-package目录。

使用 import 导入 fibo 模块(请先将 fibo.py 目录加入 PYTHONPATH 环境变量中)：

```
>>> importfibo
```

这样我们就可以使用 fibo 模块名来调用其内部的函数和变量：

```
>>> fibo.fib(1000)
1 1 2 3 5 8 13 21 34 55 89 144 233 377 610 987
>>> fibo.fib2(100)
[1, 1, 2, 3, 5, 8, 13, 21, 34, 55, 89]
>>> fibo.__name__
'fibo'
```

7.2.2　from…import 语句

Python 的 from 语句可让我们从模块中导入一个指定的部分到当前命名空间中，语法如下：

```
from modname import name1[, name2[, ... nameN]]
```

例如，要导入模块 fibo 的 fib 函数，使用如下语句：

```
>>> fromfibo import fib
>>> fib(500)
1 1 2 3 5 8 13 21 34 55 89 144 233 377
```

这个声明不会把整个 fibo 模块导入当前的命名空间中，它只会将 fibo 中的 fib 函数引入进来。

7.2.3 from…import * 语句

把一个模块的所有内容全都导入当前的命名空间中也是可行的，只需使用如下声明：

```
from modname import *
```

这提供了一个简单的方法来导入一个模块中的所有项目。然而，这种声明不该被过多地使用。

7.2.4 __name__属性

每个模块都有一个名称，模块中的语句可以找到它们所处模块的名称。这对于确定模块是独立运行还是被导入进来运行的这一特定目的来说非常有用。

当模块第一次被导入时，它所包含的代码将会被执行。我们可以通过这一特性来使模块以不同的方式运行，这取决于它是为自己所用还是从其他模块中导入而来。这可以通过使用模块的 __name__ 属性来实现。

示例(保存为 module_using_name.py)：

```python
if __name__ == '__main__':
    print('This program is being run by itself')
else:
    print('I am being imported from another module')
```

运行结果：

```
$ python module_using_name.py
This program is being run by itself

>>> import module_using_name
I am being imported from another module
```

说明：每个模块都有一个 __name__ 属性，当其值是'__main__'时，表明该模块自身在运行，否则是被引入的。注意，__name__ 与 __main__ 两端是双下画线。

第 8 章

错误和异常

到目前为止，我们还没有讨论过程序中出现的"错误"，但在我们试验过的例子中，可能已经遇到过一些。Python 中有两种错误：语法错误(syntax errors)和异常(exceptions)。

良好的异常处理是程序健壮性的重要保障，是每一个程序开发人员都应该重点掌握的知识点。本章将介绍异常的定义和异常常用的处理方法。

8.1 语法错误

语法错误，也被称作解析错误，在初学 Python 时可能会经常遇到：

```
>>> while True print('Hello world')
  File "<stdin>", line 1, in ?
```

```
while True print('Hello world')
                ^
SyntaxError: invalid syntax
```

语法分析器指出错误行,并且在检测到错误的位置前面显示一个小箭头"^"。错误是由箭头前面的标记引起的(或者至少是在这里被检测出的)。这个例子中,函数 print() 被发现存在错误,因为它前面少了一个冒号(:)。错误会输出文件名和行号,所以如果是从脚本输入的,那么我们就知道去哪里检查错误了。

8.2 异常

即使一条语句或表达式在语法上是正确的,当试图执行它时,也可能会引发错误。运行期检测到的错误称为"异常",并且程序不会无条件地崩溃(后面将学到如何在 Python 程序中处理它们)。然而,大多数异常都不会被程序处理,像这里展示的一样最终会产生一个错误信息:

```
>>> 10 * (1/0)
Traceback (most recent call last):
    File "<stdin>", line 1, in ?
ZeroDivisionError: int division or modulo by zero
>>> 4 + spam*3
Traceback (most recent call last):
    File "<stdin>", line 1, in ?
NameError: name 'spam' is not defined
>>> '2' + 2
Traceback (most recent call last):
    File "<stdin>", line 1, in ?
TypeError: Can't convert 'int' object to str implicitly
```

错误信息的最后一行指出发生了什么错误。异常也有不同的类型,异常类型作为错误信息的一部分显示出来,示例中的异常分别为零除错误(ZeroDivisionError)、命名错误(NameError)和类型错误(TypeError)。打印错误信息时,异常的类型通常作为异常的内置名显示。

错误信息最后一行的剩余部分是关于该异常类型的详细说明，它的内容依赖于异常类型。错误信息的前半部分以堆栈的形式列出异常发生的位置。通常在堆栈中列出了源代码行，注意来自标准输入的源码不会显示出来。

8.3 异常处理

异常的出现是大多数程序开发人员所不愿意见到的，它标志着程序中出现了错误，或者遇到了无法处理的情况，这一般与我们所期望的正常处理流程是不一致的，严重的异常可能会导致整个应用程序崩溃。我们在程序设计时，应当重视对异常的处理，考虑代码中可能会出现的异常场景，并逐步养成异常处理的良好编码习惯。

异常处理的语法结构：

```
try:
# 正常处理流程
...
# except 语句可以有 0 至多个
except Error1:
# Error1 异常处理
...
# else 为可选语句，且必须出现在 except 语句之后
else:
# 没有异常时，会执行 else 语句块
...
# finally 为可选语句，且必须出现在异常结构的最后面
finally:
# 不管有没有异常发生，都会执行 finally 语句块
...
```

通过编程来处理异常是可行的。有如下例子，它会一直要求用户输入，直到输入一个合法的整数为止，但允许用户中断这个程序(使用 Control + C 或系统支持的任何方法)。注意，用户产生的中断会引发一个 KeyboardInterrupt 异常。

```
>>> while True:
...     try:
...         x = int(input("Please enter a number: "))
...         break
...     except ValueError:
...         print("Oops!    That was no valid number.    Try again...")
...
```

try 语句按如下方式工作。

- 执行try子句(在try和except关键字之间的部分)。
- 如果没有异常发生，except子句在try语句执行完毕后就被忽略了。
- 如果在try子句执行过程中发生了异常，那么try子句其余的部分就会被忽略。
- 如果异常匹配于except关键字后面指定的异常类型，就执行对应的except子句。
- 如果发生了一个异常，在except子句中没有与之匹配的分支，它就会传递到上一级try语句中。
- 如果最终仍找不到对应的处理语句，它就成为一个未处理异常，终止程序运行，显示提示信息。

一个try语句可能包含多个except子句，分别指定处理不同的异常，但至多只会有一个except分支被执行。异常处理程序只会处理对应的 try 子句中发生的异常，在同一个 try 语句中，其他子句中发生的异常则不做处理。一个 except 子句可以在括号中列出多个异常的名字，例如：

```
... except (RuntimeError, TypeError, NameError):
...     pass
```

最后一个 except 子句可以省略异常名称，以作为通配符使用。你需要慎用此法，因为它会轻易隐藏一个实际的程序错误！我们可以打印未匹配的错误信息，然后重新抛出异常，以便于调用者处理这个异常。

```
import sys

try:
    f = open('myfile.txt')
```

```
        s = f.readline()
        i = int(s.strip())
except OSError as err:
    print("OS error: {0}".format(err))
except ValueError:
    print("Could not convert data to an integer.")
except:
    print("Unexpected error:", sys.exc_info()[0])
    raise
```

try…except 语句可以带有一个 else 子句,该子句只能出现在所有 except 子句之后。当 try 语句没有抛出异常时,需要执行一些代码,可以使用这个子句。例如:

```
for arg in sys.argv[1:]:
    try:
        f = open(arg, 'r')
    except IOError:
        print('cannot open', arg)
    else:
        print(arg, 'has', len(f.readlines()), 'lines')
        f.close()
```

使用 else 子句比在 try 子句中附加代码要好,因为这样可以避免 try…except 意外地截获本来不属于它们保护的代码抛出的异常。

发生异常时,可能会有一个附属值,作为异常的参数存在。这个参数是否存在、是什么类型,依赖于异常的类型。

在异常名(列表)之后,也可以为 except 子句指定一个变量。这个变量绑定于一个异常实例,它存储在 instance.args 的参数中。为了方便起见,异常实例定义了 __str__(),这样就可以直接访问和打印参数,而不必引用.args。这种做法不受鼓励。相反,更好的做法是给异常传递一个参数(如果要传递多个参数,可以传递一个元组),把它绑定到 message 属性。一旦异常发生,它会在抛出前绑定所有指定的属性。

```
>>> try:
...     raise Exception('spam', 'eggs')
... except Exception as inst:
```

```
...     print(type(inst))           # the exception instance
...     print(inst.args)            # arguments stored in .args
...     print(inst)                 # __str__ allows args to be printed directly,
...                                 # but may be overridden in exception subclasses
...     x, y = inst.args            # unpack args
...     print('x =', x)
...     print('y =', y)
...
<class 'Exception'>
('spam', 'eggs')
('spam', 'eggs')
x = spam
y = eggs
```

对于未处理的异常，如果它们带有参数，那么就会被作为异常信息的最后部分（"详情"）打印出来。

异常处理器不仅仅处理在 try 子句中立刻发生的异常，也会处理 try 子句中调用的函数内部发生的异常。例如：

```
>>> def this_fails():
...     x = 1/0
...
>>> try:
...     this_fails()
... except ZeroDivisionError as err:
...     print('Handling run-time error:', err)
...
Handling run-time error: int division or modulo by zero
```

8.4 抛出异常

raise 语句允许程序员强制抛出一个指定的异常。例如：

```
>>> raise NameError('HiThere')
Traceback (most recent call last):
    File "<pyshell#87>", line 1, in <module>
        raise NameError('HiThere')
NameError: HiThere
```

要抛出的异常由 raise 的唯一参数标识，它必需是一个异常实例或异常类(继承自 Exception 的类)。

如果需要明确一个异常是否抛出，但不想处理它，raise 语句可以让我们很简单地重新抛出该异常：

```
>>> try:
...     raise NameError('HiThere')
... except NameError:
...     print('An exception flew by!')
...     raise
...
An exception flew by!
Traceback (most recent call last):
    File "<pyshell#89>", line 2, in <module>
        raise NameError('HiThere')
NameError: HiThere
```

8.5 定义清理行为

try 语句还有另一个重要的可选子句：finally 子句。例如：

```
>>> try:
...     raise KeyboardInterrupt
... finally:
...     print('Goodbye, world!')
...
```

```
Goodbye, world!
KeyboardInterrupt
Traceback (most recent call last):
    File "<stdin>", line 2, in ?
```

不管有没有发生异常，finally 子句在程序离开 try 后都一定会被执行。当 try 语句中发生了未被 except 捕获的异常(或者它发生在 except 或 else 子句中)时，在 finally 子句执行完后它会被重新抛出。try 语句经由 break、continue 或 return 语句退出也一样会执行 finally 子句。以下是一个更复杂一些的例子：

```
>>> def divide(x, y):
...     try:
...         result = x / y
...     except ZeroDivisionError:
...         print("division by zero!")
...     else:
...         print("result is", result)
...     finally:
...         print("executing finally clause")
...
>>> divide(2, 1)
result is 2
executing finally clause
>>> divide(2, 0)
division by zero!
executing finally clause
>>> divide("2", "1")
executing finally clause
Traceback (most recent call last):
    File "<stdin>", line 1, in ?
    File "<stdin>", line 3, in divide
TypeError: unsupported operand type(s) for /: 'str' and 'str'
```

如你所见，finally 子句在任何情况下都会执行。TypeError 在两个字符串相除的时候抛出，未被 except 子句捕获，因此在 finally 子句执行完毕后重新抛出。

在真实场景的应用程序中，finally 子句用于释放外部资源(如文件或网络连接等)，无论它们的使用过程中是否出错。

8.6 预定义清理行为

有些对象定义了标准的清理行为，无论对象操作是否成功，当不再需要该对象时，这个标准的清理行为就会执行。以下示例尝试打开文件，并打印文件内容。

```
for line in open("myfile.txt"):
    print(line)
```

这段代码的问题在于，在代码执行完后没有立即关闭打开的文件。这在简单的脚本中没什么，但是在大型应用程序中就会出问题。with 语句可以确保文件之类的对象总能及时准确地进行清理。

```
with open("myfile.txt") as f:
    for line in f:
        print(line)
```

语句执行后，文件总会被关闭，即使是在文件操作时出错也一样。其他对象是否提供了预定义的清理行为则要查看它们的文档。

视频课程

更多关于 Python "错误和异常" 的介绍，我们已发布视频课程。你可以扫描如下二维码进行观看：

第 9 章 面向对象

Python 从设计之初就已经是一门面向对象的语言,正因为如此,在 Python 中创建一个类和对象是很容易的。

类与对象是面向对象编程的两个主要方面。一个类(Class)能够创建一种新的类型(Type),而对象(Object)就是类的实例(Instance),例如,一个整型变量,它对应的类是int,该变量本身是一个int类型的实例对象。

本章节我们将详细介绍 Python 的面向对象编程。

9.1 类

本节中,我们将通过概念介绍和示例讲解,来初步学习 Python 中的类。

9.1.1 类术语介绍

类定义语法格式如下：

```
class ClassName:
    <statement-1>
        ⋮
    <statement-N>
```

类实例化后，可以使用其属性，实际上，创建一个类之后，可以通过类名访问其属性。

- 类(Class)：用来描述具有相同属性和方法的对象的集合。它定义了该集合中每个对象所共有的属性和方法。对象是类的实例。
- 方法：类中定义的函数。
- 类变量：类变量在整个实例化的对象中是公用的。类变量定义在类中且在函数体之外。类变量通常不作为实例变量使用。
- 数据成员：类变量或者实例变量用于处理类及其实例对象的相关的数据。
- 方法重写：如果从父类继承的方法不能满足子类的需求，可以对其进行改写，这个过程叫作方法的覆盖(override)，也称为方法的重写。
- 局部变量：定义在方法中的变量，只作用于当前实例的类。
- 实例变量：在类的声明中，属性是用变量来表示的。这种变量就称为实例变量，是在类声明的内部但是在类的其他成员方法之外声明的。
- 继承：即一个派生类(derivedclass)继承基类(baseclass)的字段和方法。继承也允许把一个派生类的对象作为一个基类对象对待，例如，一个Dog类型的对象派生自Animal类，这是模拟"是一个(is-a)"关系。
- 实例化：创建一个类的实例，类的具体对象。
- 对象：通过类定义的数据结构实例。对象包括两个数据成员(类变量和实例变量)和方法。

Python 中的类提供了面向对象编程的所有基本功能。类的继承机制允许多个基类，派生类可以覆盖基类中的任何方法，方法中可以调用基类中的同名方法。对象可以包含任意数量和类型的数据。

9.1.2 类对象

类对象支持两种操作：属性引用和实例化。

属性引用使用和 Python 中所有的属性引用一样的标准语法：obj.name。类对象创建后，类命名空间中所有的命名都是有效属性名。所以如果类定义是这样：

```
class MyClass:
    """A simple example class"""
    i = 12345
    def f(self):
        return 'Hello, Python!'
```

那么 MyClass.i 和 MyClass.f 是有效的属性引用，分别返回一个整数和一个方法对象。我们也可以对类属性赋值，可以通过给 MyClass.i 赋值来修改它。__doc__ 也是一个有效的属性，返回类的文档字符串："A simple example class"。

类的实例化使用函数符号。只要将类对象看作是一个返回新的类实例的无参数函数即可。例如(沿用前面的类)：

```
x = MyClass()
```

以上创建了一个新的类实例并将该对象赋给局部变量 x。

这个实例化操作("调用"一个类对象)创建了一个空的对象，但很多类都倾向于将对象创建为有初始状态的。因此类可能会定义一个名为__init__()的特殊方法，如下：

```
def __init__(self):
    self.data = []
```

若类定义了__init__()方法，则类的实例化操作会自动为新创建的类实例调用__init__()方法。所以在下例中，可以这样创建一个新的实例：

```
x = MyClass()
```

当然，__init__()方法也可以有参数。事实上，参数通过__init__()传递到类的实例化操作上。例如：

```
>>> class Complex:
...     def __init__(self, realpart, imagpart):
...         self.r = realpart
...         self.i = imagpart
...
>>> x = Complex(3.0, -4.5)
>>> x.r, x.i
(3.0, -4.5)
```

9.1.3 实例对象

现在我们可以用实例对象做什么呢？实例对象唯一可用的操作就是属性引用，有两种有效的属性：数据属性和方法。

数据属性即"实例变量"或"数据成员"。与局部变量一样，数据属性不需要声明，第一次使用时它们就会生成。例如，如果 x 是前面创建的 MyClass 实例，下面这段代码会打印出 16。

```
x = MyClass()
x.counter = 1
while x.counter < 10:
    x.counter = x.counter * 2
print(x.counter)
del x.counter
```

另一种为实例对象所接受的引用属性是方法，如下：

```
x = MyClass()
x.f()
# 输出：Hello, Python!
```

9.1.4 类示例

假设我们要给玩具厂制作一台机器，用来批量生产鸭子形状的玩具，可以将鸭子玩具的零部件和制作方法封装到一个类中。该类可以按图 9-1 所示进行定义。

第 9 章 面向对象

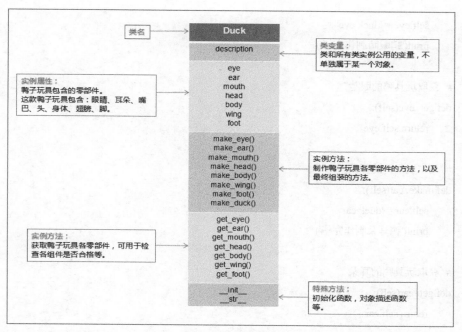

图9-1 Duck类图

Duck 类示例代码如下：

```
class Duck:

    # 类变量
    description = 'This is a duck.'

    # 初始化函数
    def __init__(self):
        self.eye = ''
        self.ear = ''
        self.mouth = ''
        self.head = ''
        self.body = ''
        self.wing = ''
        self.foot = ''

    # 制作玩具鸭的眼睛
    def make_eye(self):
```

```python
        self.eye = 'duck eye'
        print('鸭眼睛制作完毕')

    # 获取玩具鸭的眼睛
    def get_eye(self):
        return self.eye

    # 制作玩具鸭的耳朵
    def make_ear(self):
        self.ear = 'duck ear'
        print('鸭耳朵制作完毕')

    # 获取玩具鸭的耳朵
    def get_ear(self):
        return self.ear

    # 制作玩具鸭的嘴巴
    def make_mouth(self):
        self.mouth = 'duck mouth'
        print('鸭嘴巴制作完毕')

    # 获取玩具鸭的嘴巴
    def get_mouth(self):
        return self.mouth

    # 制作玩具鸭的头
    def make_head(self):
        self.head = 'duck head'
        print('鸭头制作完毕')

    # 获取玩具鸭的头
    def get_head(self):
        return self.head

    # 制作玩具鸭的身体
    def make_body(self):
```

```python
        self.body = 'duck body'
        print('鸭身制作完毕')

    # 获取玩具鸭的身体
    def get_body(self):
        return self.body

    # 制作玩具鸭的翅膀
    def make_wing(self):
        self.wing = 'duck wing'
        print('鸭翅膀制作完毕')

    # 获取玩具鸭的翅膀
    def get_wing(self):
        return self.wing

    # 制作玩具鸭的脚
    def make_foot(self):
        self.foot = 'duck foot'
        print('鸭脚制作完毕')

    # 获取玩具鸭的脚
    def get_foot(self):
        return self.foot

    # 组装玩具鸭
    def make_duck(self):
        print('---开始制作鸭子---')
        self.make_eye()
        self.make_ear()
        self.make_mouth()
        self.make_head()
        self.make_body()
        self.make_wing()
        self.make_foot()
        print('---鸭子制作完毕---')
```

```python
# 玩具鸭的描述信息
def __str__(self):
    return '(Duck: %s, %s, %s, %s, %s, %s, %s)' % \
        (self.eye, self.ear, self.mouth, self.head, self.body, self.wing, self.foot)
```

然后，我们可以通过该类实例来制作鸭子玩具。

```
# 创建 Duck 类实例
duck = Duck()
duck.make_duck()
print(duck)
# 输出如下：
---开始制作鸭子---
鸭眼睛制作完毕
鸭耳朵制作完毕
鸭嘴巴制作完毕
鸭头制作完毕
鸭身制作完毕
鸭翅膀制作完毕
鸭脚制作完毕
---鸭子制作完毕---
(Duck: duck eye, duck ear, duck mouth, duck head, duck body, duck wing, duck foot)
```

上述 Duck 类包含一个类变量 description，可以通过 Duck 类对象或者它的实例对象访问。类对象可以修改类变量，修改后，实例对象可以访问到最新的类变量。实例对象可以访问类变量，但它无法修改类对象。

```
# 创建 Duck 类实例
duck = Duck()
duck.make_duck()
print(Duck.description)
print(duck.description)
# 输出：
This is a duck.
This is a duck.
```

```
# 通过类对象修改类变量
Duck.description = 'This is a duck toy.'
print(Duck.description)
print(duck.description)
# 输出:
This is a duck toy.
This is a duck toy.

# 实例对象无法修改类变量
# 如下赋值操作将为 duck 新增一个实例属性 description
duck.description = 'duck toy.'
print(Duck.description)
print(duck.description)
# 输出:
This is a duck toy.
duck toy.
```

9.2 继承

面向对象编程的一大优点是对代码的重用(Reuse)，重用的一种实现方法就是继承(Inheritance)机制。

9.2.1 单继承

派生类的定义如下所示：

```
class DerivedClassName(BaseClassName):
    <statement-1>
        .
        .
        .
    <statement-N>
```

命名 BaseClassName(示例中的基类名)必须与派生类定义在一个作用域内。继承关系除了用类名，还可以使用表达式。当基类定义在另一个模块中时，表达式的写法就非常有用了：

```
class DerivedClassName(modname.BaseClassName):
```

派生类定义的解析过程和基类是一样的。构造派生类对象时，就记住了基类。这在解析属性引用的时候尤其有用：如果在当前类中找不到请求调用的属性，就会搜索基类；如果基类是由别的类派生而来，这个规则会递归地传递上去。

派生类的实例化没有什么特殊之处：DerivedClassName()(示列中的派生类)创建一个新的类实例。方法引用按如下规则解析：搜索对应的类属性，必要时沿基类链逐级搜索，如果找到了函数对象，这个方法引用就是合法的。

Python 有以下两个用于继承的函数。

- 函数isinstance()用于检查实例类型。例如，isinstance(obj,int)只有在obj.__class__是int或其他从int继承的类型时，才返回True。
- 函数issubclass()用于检查类继承。例如，issubclass(bool,int)为True，因为bool是int的子类；issubclass(float,int)为False，因为float不是int的子类。

9.2.2 多继承

Python 同样有限地支持多继承形式。多继承的类定义形式如下：

```
class DerivedClassName(Base1, Base2, Base3):
<statement-1>
    ⋮
<statement-N>
```

Python 的多继承使用深度优先的搜索策略。如果在 DerivedClassName(示例中的派生类)中没有找到某个属性，就会搜索 Base1。若 Base1 中未找到，则递归地搜索 Base1 的基类。如果最终还是没有找到该属性，则会接着搜索 Base2，及其基类，以此类推。

实际上，super()可以动态地改变解析顺序。这个方式可见于其他一些多继承语言中，类似call-next-method，比单继承语言中的 super 更强大。

有时候动态调整解析顺序是非常必要的，因为所有的多继承会有一到多个菱形关系(指有至少一个祖先类可以从子类经由多个继承路径到达)。例如，所有的 new-style 类继承自 object，所以任意的多继承总是会有多于一条继承路径到达 object。

Python 为了防止重复访问基类，使用了动态的线性化算法。每个类都按特别指定的顺序从左到右排列，每个祖先类只调用一次，这是单调的(意味着一个类被继承时不会影响它祖先的次序)，从而使得设计一个可靠且可扩展的多继承类成为可能。

9.2.3 继承示例

在 9.1.4 节，我们制作了一个生产鸭子玩具的机器。经过市场调研，我们发现小猪玩具也特别受小孩子欢迎，现在需要再制作一个批量生产小猪玩具的机器，该如何处理呢？

最简单的做法是复制 Duck 类到一个 Pig 类，然后对部分细节做修改，如去掉 wing 属性，因为小猪没有翅膀。这样做确实可以满足要求，因为制作鸭子玩具和制作小猪玩具有很多相似之处，例如：

(1) 小动物类的玩具都有 eye、ear、mouth、head 等属性。
(2) 获取这些实例属性的 get_xxx 方法是一样的。
(3) 制作各零部件存在一些通用工序，如记录日志。
(4) 都涉及组装操作。

根据这些相似点，我们可以使用本节所介绍的继承，来更好地制作玩具机器。

我们首先定义一个基类 Animal，该类抽象出所有玩具共有的特性和方法。制作玩具的时候，首先使用 Animal 机器完成初加工，然后再交给其他 Duck、Pig 机器做特殊加工，生产出鸭子、小猪等不同的玩具。

Animal 类示例代码如下：

```
class Animal:

    # 类变量
    description = 'This is a toy.'

    # 初始化函数
    def __init__(self, name):
        self.name = name
        self.eye = ''
        self.ear = ''
        self.mouth = ''
        self.head = ''
```

```python
        self.body = ''
        self.foot = ''

    # 完成玩具眼睛的通用工序(打印日志)
    def make_eye(self):
        print(self.name + ' 眼睛制作完毕')

    # 获取玩具的眼睛
    def get_eye(self):
        return self.eye

    # 完成玩具耳朵的通用工序(打印日志)
    def make_ear(self):
        print(self.name + ' 耳朵制作完毕')

    # 获取玩具的耳朵
    def get_ear(self):
        return self.ear

    # 完成玩具嘴巴的通用工序(打印日志)
    def make_mouth(self):
        print(self.name + ' 嘴巴制作完毕')

    # 获取玩具的嘴巴
    def get_mouth(self):
        return self.mouth

    # 完成玩具头的通用工序(打印日志)
    def make_head(self):
        print(self.name + ' 头制作完毕')

    # 获取玩具的头
    def get_head(self):
        return self.head

    # 完成玩具身体的通用工序(打印日志)
```

```python
    def make_body(self):
        print(self.name + ' 身体制作完毕')

    # 获取玩具的身体
    def get_body(self):
        return self.body

    # 完成玩具脚的通用工序(打印日志)
    def make_foot(self):
        print(self.name + ' 脚制作完毕')

    # 获取玩具的脚
    def get_foot(self):
        return self.foot

    # 组装玩具
    def make(self):
        print('---开始制作' + self.name + '---')
        self.make_eye()
        self.make_ear()
        self.make_mouth()
        self.make_head()
        self.make_body()
        self.make_foot()

    # 玩具的描述信息
    def __str__(self):
        return '%s: %s, %s, %s, %s, %s, %s' % \
            (self.name, self.eye, self.ear, self.mouth, self.head, self.body, self.foot)
```

在 Animal 基类中，我们做了如下操作。

(1) 设置小动物类的玩具共有的属性，如 eye、ear、mouth、head 等。

```python
# 初始化函数
def __init__(self, name):
    self.name = name
```

```
    self.eye = ''
    ...
        self.foot = ''
```

(2) 添加获取这些共有属性的方法，如 get_eye()。

```
# 获取玩具的眼睛
def get_eye(self):
    return self.eye
```

(3) 添加制作这些共有属性的通用性事务，如打印制作日志。

```
# 制作玩具的眼睛
def make_eye(self):
    print(self.name + '眼睛制作完毕')
```

(4) 完成基本的组装操作，见 make 方法。

```
# 组装玩具
def make(self):
    print('---开始制作' + self.name + '---')
    self.make_eye()
    ...
        self.make_foot()
```

通过继承 Animal 基类，我们可以更灵活、更简洁地定义 Duck 玩具类和 Pig 玩具类。Duck 类示例代码如下：

```
# 引入基类 Animal
from Animal import Animal

# 继承 Animal 类
class Duck(Animal):

    # 类变量
```

```python
    description = 'This is a duck toy.'

    # 新增 wing 属性，并调用父类初始化函数
    def __init__(self, name):
        self.wing = ''
        super().__init__(name)

    # 完成眼睛的特性化制作，并调用父类方法完成通用工序(打印日志)
    def make_eye(self):
        self.eye = 'duck eye'
        super().make_eye()

    def make_ear(self):
        self.ear = 'duck ear'
        super().make_ear()

    def make_mouth(self):
        self.mouth = 'duck mouth'
        super().make_mouth()

    def make_head(self):
        self.head = 'duck head'
        super().make_head()

    def make_body(self):
        self.body = 'duck body'
        super().make_body()

    def make_foot(self):
        self.foot = 'duck foot'
        super().make_foot()

    # 完成翅膀的特性化制作
    # 父类没有该属性制作方法，需要在此处完成通用工序(打印日志)
    def make_wing(self):
        self.wing = 'duck wing'
```

```python
        print(self.name + ' 翅膀制作完毕')

    def get_wing(self):
        return self.wing

    # 完成鸭子玩具的组装，共有属性的组装调用了父类的组装方法
    def make(self):
        super().make()
        self.make_wing()
        print('---' + self.name + ' 制作完毕---')

    # 玩具鸭的描述信息，共有属性的描述调用了父类的方法
    def __str__(self):
        return super().__str__() + ',' + self.wing
```

通过对比 9.1.4 中 Duck 类定义，此处 Duck 类做了如下变化。

(1) 没有了 eye、ear、mouth、head 等属性的定义，这些属性都会从基类 Animal 继承。这样做不仅仅使得代码量有所减少，对修改也带来了很大的便利。假如我们有数十个不同的玩具制作类(如 Duck、Pig、Bird、Cat 等)，有一天玩具工厂的老板要求给玩具都添加上颜色，如果这些类没有从 Animal 继承，那么我们就需要给这数十个类逐一添加 color 属性。显然，color 属性可以只添加到基类 Animal 中，然后 Duck、Pig 等类从 Animal 继承即可。

(2) 增加了 Duck 个性化的属性：翅膀(wing)。

```python
# 新增 wing 属性，并调用父类初始化函数
def __init__(self, name):
    self.wing = ''
    super().__init__(name)
```

(3) 没有 eye、ear、mouth、head 等属性的 get_xxx 方法的定义，同样继承自 Animal 类。但我们给新增的 wing 属性定义了 get 方法。

```python
def get_wing(self):
    return self.wing
```

(4) 定义了各零部件制造函数，用于特性化制作。

(5) 零部件制作函数中，调用了父类 Animal 的通用方法。

```
def make_body(self):
    # Duck body 特性化制作
        self.body = 'duck body'
    # 调用父类 Animal 的通用方法
        super().make_body()
```

(6) 组装函数调用父类 Animal 的组装方法，同时添加了 Duck 个性化的 wing。

```
    # 完成鸭子玩具的组装
def make(self):
    # 共有属性的组装调用了父类的组装方法
        super().make()
    # 添加 Duck 个性化的 wing
        self.make_wing()
        print('---' + self.name + ' 制作完毕---')
```

我们通过继承完成了 Duck 类的定义，使得 Duck 类更加简洁，也可以使用类似的方法，完成 Pig、Dog、Cat 等玩具制作机器的类定义。

9.3 方法重写

派生类可能会重写基类中的方法。如果从父类继承的方法不能满足子类的需求，可以对方法进行改写，这个过程叫方法的重写，也称为方法的覆盖(override)。

派生类中的覆盖方法可能是想要扩充，而不是简单地替代基类中的重名方法。有一个简单的方法可以直接调用基类方法，只要调用 BaseClassName.methodname(self,arguments)即可。方法重写的实例如下：

```
class Parent:                    # 定义父类
    def myMethod(self):
        print ('调用父类方法')
```

```
class Child(Parent):              # 定义子类
    def myMethod(self):
        print ('调用子类方法')

c = Child()                       # 子类实例
c.myMethod()                      # 子类调用重写方法
super(Child,c).myMethod()         # 用子类对象调用父类已被覆盖的方法
```

super()函数是用于调用父类的一个方法。

执行以上程序，输出结果为：

调用子类方法
调用父类方法

9.4 类属性与方法

在实际应用中，我们通过对类属性的访问和方法的调用来使用类。

9.4.1 类的属性

在类的声明中，属性是用变量来表示的。这种变量是在类声明的内部，但是在类的其他成员方法之外声明的，也称为实例变量。

9.4.2 类的私有属性

__private_attrs：两个下画线开头，声明该属性为私有，不能在类的外部使用，但可以在类内部的方法中使用。

9.4.3 类的方法

在类定义中，使用 def 关键字来定义一个类方法。与一般函数定义不同的是，类方法必须包含参数 self，且 self 为第一个参数。参数 self 代表的是类的实例。不过我们不用在调用类方法

时为这个参数赋值，Python 会把当前实例赋给 self 参数。

```
class Test:
    def prt(self):
        print(self)
        print(self.__class__)

t = Test()
t.prt()
```

以上实例执行结果为：

```
<__main__.Test instance at 0x100771878>
__main__.Test
```

从执行结果可以看出，self 代表的是类对象的实例，其值为当前实例对象的地址，而 self.class 则指向类。

self 参数也可以被命名为其他任何合法的标识符，但是我们强烈推荐使用 self 这一名称。使用一个约定俗成的名称，可以让程序更有可读性。

前面提到 Python 会把当前实例赋给 self 参数，这是如何做到的呢？其实非常简单，假设有一个 MyClass 的类，以及一个该类的实例 myobject，当调用这个对象的方法，如 myobject.method(arg1, arg2)时，Python 会自动将其转换成 MyClass.method(myobject, arg1, arg2)。这就是 self 的全部特殊之处所在。

9.4.4 类的私有方法

__private_method：两个下画线开头，声明该方法为私有方法，只能在类的内部调用，不能在类的外部调用。

9.4.5 示例

类的私有属性实例如下：

```
class JustCounter:
    __secretCount = 0              # 私有变量
    publicCount = 0                # 公开变量
```

```
        def count(self):
            self.__secretCount += 1
            self.publicCount += 1
            print (self.__secretCount)

counter = JustCounter()
counter.count()
counter.count()
print (counter.publicCount)
print (counter.__secretCount)            # 报错，实例不能访问私有变量
```

执行以上程序输出结果为：

```
1
2
2
Traceback (most recent call last):
  File "test.py", line 16, in <module>
    print (counter.__secretCount)
AttributeError: 'JustCounter' object has no attribute '__secretCount'
```

类的私有方法实例如下：

```
class Site:
    def __init__(self, name, url):
        self.name = name          # public
        self.__url = url          # private

    def who(self):
        print('name  : ', self.name)
        print('url : ', self.__url)

    def __foo(self):              # 私有方法
        print('这是私有方法')
```

```
    def foo(self):              # 公共方法
        print('这是公共方法')
        self.__foo()

x = Site('Python', 'https://www.python.org')
x.who()           # 正常输出
x.foo()           # 正常输出
x.__foo()         # 报错
```

以上实例执行结果：

```
>>> x.who()
name  :  Python
url :   https://www.python.org
>>> x.foo()
这是公共方法
这是私有方法
>>> x.__foo()
Traceback (most recent call last):
  File "<pyshell#320>", line 1, in <module>
    x.__foo()
AttributeError: 'Site' object has no attribute '__foo'
```

视频课程

更多关于 Python 面向对象的介绍，我们已发布视频课程。你可以扫描如下二维码进行观看：

第 10 章 Python 高级特性

Python 作为一门简单、强大的编程语言，包含了很多易于使用的语法特性。我们将这些语法特性作为 Python 高级特性来给大家详细介绍，主要包括迭代器、生成器、装饰器、匿名函数、自定义异常、元类、多线程编程等。

10.1 迭代器与生成器

迭代是 Python 最强大的功能之一，是访问集合元素的一种常用方式。生成器可以看成是一个使用"yield"返回结果的特殊迭代器。

10.1.1 迭代器

迭代器是一个可以记录集合遍历位置的对象。迭代器对象从集合的第一个元素开始访问，直到所有的元素被访问完。注意迭代器只能往前不会后退。

迭代器有两个基本的方法：iter()和next()。

字符串、列表或元组对象都可用于创建迭代器：

```
>>>list=[1,2,3,4]
>>> it = iter(list)        # 创建迭代器对象
>>> print (next(it))       # 输出迭代器的下一个元素
1
>>> print (next(it))
2
```

迭代器对象可以使用常规 for 语句进行遍历：

```
list=[1,2,3,4]
it = iter(list)        # 创建迭代器对象
for x in it:
    print (x, end="")
```

执行以上程序，输出结果如下：

```
1 2 3 4
```

也可以使用 next()函数：

```
import sys              # 引入 sys 模块

list=[1,2,3,4]
it = iter(list)         # 创建迭代器对象

while True:
    try:
        print (next(it))
    except StopIteration:
        sys.exit()
```

执行以上程序，输出结果如下：

```
1
2
3
4
```

10.1.2 创建一个迭代器

把一个类作为迭代器使用需要在类中实现两个方法：__iter__()与__next__()。

- __iter__()方法：返回一个特殊的迭代器对象，这个迭代器对象实现了__next__()方法并通过StopIteration异常标识迭代的完成。
- __next__()方法：返回下一个迭代器对象。

创建一个返回数字的迭代器，初始值为1，逐步递增1：

```python
class MyNumbers:
    def __iter__(self):
        self.a = 1
        return self

    def __next__(self):
        x = self.a
        self.a += 1
        return x

myclass = MyNumbers()
myiter = iter(myclass)

print(next(myiter))
print(next(myiter))
print(next(myiter))
print(next(myiter))
print(next(myiter))
```

执行输出结果为:

```
1
2
3
4
5
```

StopIteration 异常:用于标识迭代的完成,防止出现无限循环的情况,在__next__()方法中我们可以设置在完成指定循环次数后触发 StopIteration 异常来结束迭代。

在 10 次迭代后停止执行:

```python
class MyNumbers:
    def __iter__(self):
        self.a = 1
        return self

    def __next__(self):
        if self.a <= 10:
            x = self.a
            self.a += 1
            return x
        else:
            raise StopIteration

myclass = MyNumbers()
myiter = iter(myclass)

for x in myiter:
    print(x)
```

执行输出结果为:

```
1
2
3
```

4
5
6
7
8
9
10

10.1.3 生成器

在 Python 中，使用了 yield 的函数被称为生成器(generator)。

与普通函数不同的是，生成器是一个返回迭代器的函数，只能用于迭代操作，更简单点理解，生成器就是一个迭代器。

在调用生成器运行的过程中，每次遇到 yield 时函数会暂停并保存当前所有的运行信息，返回 yield 的值，并在下一次执行 next()方法时从当前位置继续运行。

调用一个生成器函数，返回的是一个迭代器对象。

以下实例使用 yield 实现斐波那契数列：

```
import sys

def fibonacci(n):  # 生成器函数——斐波那契
    a, b, counter = 0, 1, 0
    while True:
        if (counter > n):
            return
        yield a
        a, b = b, a + b
        counter += 1
f = fibonacci(10)  # f 是一个迭代器，由生成器返回生成

while True:
    try:
        print (next(f), end="")
    except StopIteration:
        sys.exit()
```

执行以上程序,输出结果如下:

0 1 1 2 3 5 8 13 21 34 55

10.1.4 生成器表达式

生成器表达式并不真的创建列表,而是返回一个生成器对象,此对象在每次计算出一个条目后,把这个条目"产生(yield)"出来。生成器表达式使用了"惰性计算"或称作"延时求值"的机制。

当序列过长,并且每次只需要获取一个元素时,应该考虑生成器表达式而不是列表。

语法:

```
(expression for iter_val in iterable)
(expression for iter_val in iterable if cond_expr)
```

使用示例:

```
>>> N = (i**2 for i in range(1, 5))
>>> print (N)
<generator object <genexpr> at 0x7fe4fd0e1c30>          # 此处返回的是一个生成器的地址
>>> next(N)
1
>>> next(N)
4
>>> next(N)
9
>>> next(N)
16
>>> next(N)                      # 所有元素遍历完后,抛出异常
Traceback (most recent call last):
File "<stdin>", line 1, in <module>
StopIteration
```

10.2 装饰器

软件开发中很重要的一条原则就是"不要重复自己的工作"。也就是说，任何时候当你的程序中存在高度重复(或者是通过剪切复制)的代码时，都应该想想是否有更好的解决方案。在 Python 当中，通常都可以通过元编程来解决这类问题。简而言之，元编程就是关于创建操作源代码(如修改、生成或包装原来的代码)的函数和类，主要使用的技术有装饰器函数、类装饰器和元类。

10.2.1 装饰器函数

装饰器函数，用来给其他函数加上一种特定的修饰方法，来做一些额外的操作处理，如日志记录、时间统计等。

例如，添加计时统计的示例代码如下：

```
import time
from functools import wraps

def timethis(func):
    '''
    Decorator that reports the execution time.
    '''
    @wraps(func)
    def wrapper(*args, **kwargs):
        start = time.time()
        result = func(*args, **kwargs)
        end = time.time()
        print(func.__name__, end-start)
        return result
    return wrapper
```

下面是使用装饰器的例子：

```
>>> @timethis
```

```
... def countdown(n):
...     '''
...     Counts down
...     '''
...     while n > 0:
...         n -= 1
...
>>> countdown(100000)
countdown 0.008917808532714844
>>> countdown(10000000)
countdown 0.01188299392912
```

一个装饰器就是一个函数，它接受一个函数作为参数并返回一个新的函数。示例如下：

```
@timethis
def countdown(n):
    pass
```

上面示例与下面写法效果是一样的：

```
def countdown(n):
    pass
countdown = timethis(countdown)
```

在上面的 wrapper()函数中，装饰器内部定义了一个使用*args 和**kwargs 来接受任意参数的函数。在这个函数中调用了原始函数并将其结果返回，不过还可以添加其他额外的代码(如计时)，然后这个新的函数包装器被作为结果返回，它代替了原始函数。

需要强调的是，装饰器并不会修改原始函数的参数签名及返回值。使用*args 和**kwargs 的目的就是确保任何参数都能适用，而返回结果值基本都是调用原始函数 func(*args,**kwargs) 的返回结果，其中 func 就是原始函数。

10.2.2 类装饰器

如果我们想使用一个装饰器去包装函数，但是希望返回一个可调用的实例，则需要让装饰器可以同时工作在类定义的内部和外部。为了将装饰器定义成一个实例，我们需要确保它实现了__call__()和__get__()方法。例如，下面的代码定义了一个类，它在其他函数上放置了一个简单的记录层：

```python
import types
from functools import wraps

class Profiled:
    def __init__(self, func):
        wraps(func)(self)
        self.ncalls = 0

    def __call__(self, *args, **kwargs):
        self.ncalls += 1
        return self.__wrapped__(*args, **kwargs)

    def __get__(self, instance, cls):
        if instance is None:
            return self
        else:
            return types.MethodType(self, instance)
```

我们可以将它当作一个普通的装饰器来使用，在类里面或外面都可以：

```python
@Profiled
def add(x, y):
    return x + y

class Spam:
    @Profiled
    def bar(self, x):
        print(self, x)
```

在交互环境中的使用示例：

```
>>> add(2, 3)
5
>>> add(4, 5)
```

```
9
>>> add.ncalls
2
>>> s = Spam()
>>> s.bar(1)
<__main__.Spam object at 0x10069e9d0> 1
>>> s.bar(2)
<__main__.Spam object at 0x10069e9d0> 2
>>> s.bar(3)
<__main__.Spam object at 0x10069e9d0> 3
>>> Spam.bar.ncalls
3
```

将装饰器定义成类通常是很简单的。但是这里还有一些细节需要注意，特别是将它作用在实例方法上时。

首先，使用 functools.wraps()函数的作用与之前一样，将被包装函数的元信息复制到可调用实例中。

其次，通常很容易会忽视上面的__get__()方法。如果忽略它，保持其他代码不变，再次运行时，发现当去调用被装饰实例方法时会出现很奇怪的问题。例如：

```
>>> s = Spam()
>>> s.bar(3)
Traceback (most recent call last):
...
TypeError: bar() missing 1 required positional argument: 'x'
```

出错原因是当方法函数在一个类中被查找时，它们的__get__()方法依据描述器协议被调用。在这里，__get__()方法的目的是创建一个绑定方法对象(最终会给这个方法传递 self 参数)。下面是一个演示底层原理的例子：

```
>>> s = Spam()
>>> def grok(self, x):
...     pass
...
>>> grok.__get__(s, Spam)
```

```
<bound method Spam.grok of <__main__.Spam object at 0x100671e90>>
```

__get__()方法是为了确保绑定方法对象能被正确地创建。type.MethodType()手动创建一个绑定方法来使用。只有当实例被使用时绑定方法才会被创建。如果该方法在类上访问,那么__get__()中的 instance 参数会被设置成 None 并直接返回 Profiled 实例本身。这样,我们就可以提取它的 ncalls 属性了。

10.3 匿名函数

Python 使用 lambda 来创建匿名函数。所谓匿名,意即不再使用 def 语句这样标准的形式来定义一个函数。使用 lambda 表达式,我们需要了解:

- lambda 只是一个表达式,函数体比 def 简单得多。
- lambda 的主体是一个表达式,而不是一个代码块,仅仅能在 lambda 表达式中封装有限的逻辑进去。
- lambda 函数拥有自己的命名空间,且不能访问自己参数列表之外或全局命名空间中的参数。

语法:

lambda 函数的语法只包含一个语句,如下所示。

```
lambda [arg1 [,arg2,.....argn]]:expression
```

示例:

```
# 两数求和
sum = lambda arg1, arg2: arg1 + arg2

# 调用 sum 函数
print ("相加后的值为 : ", sum( 10, 20 ))
print ("相加后的值为 : ", sum( 20, 20 ))
```

以上实例输出结果：

```
相加后的值为 ： 30
相加后的值为 ： 40
```

10.4 用户自定义异常

在程序中可以通过创建新的异常类型来命名自己的异常。异常类通常应该直接或间接地从 Exception 类派生，例如：

```
>>> class MyError(Exception):
...     def __init__(self, value):
...         self.value = value
...     def __str__(self):
...         return repr(self.value)
...
>>> try:
...     raise MyError(2*2)
... except MyError as e:
...     print('My exception occurred, value:', e.value)
...
My exception occurred, value: 4
>>> raise MyError('oops!')
Traceback (most recent call last):
  File "<stdin>", line 1, in ?
__main__.MyError: 'oops!'
```

在这个例子中，Exception 默认的__init__()被覆盖，新的方式是简单地创建 value 属性，这就替换了原来创建 args 属性的方式。

异常类中可以定义任何其他类中可以定义的东西，但是通常为了保持简单，只在其中加入几个属性信息，以供异常处理句柄提取。如果一个新创建的模块中需要抛出几种不同的错误，通常的做法是为该模块定义一个异常基类，然后针对不同的错误类型派生出对应的异常子类：

```
class Error(Exception):
    """Base class for exceptions in this module."""
    pass

class InputError(Error):
    """Exception raised for errors in the input.

    Attributes:
        expression -- input expression in which the error occurred
        message -- explanation of the error
    """

    def __init__(self, expression, message):
        self.expression = expression
        self.message = message

class TransitionError(Error):
    """Raised when an operation attempts a state transition that's not
    allowed.

    Attributes:
        previous -- state at beginning of transition
        next -- attempted new state
        message -- explanation of why the specific transition is not allowed
    """

    def __init__(self, previous, next, message):
        self.previous = previous
        self.next = next
        self.message = message
```

与标准异常相似，大多数异常的命名都以 Error 结尾。

很多标准模块中都定义了自己的异常，用以报告在其所定义的函数中可能发生的错误。

10.5 元类

在理解元类之前,我们需要先掌握 Python 中类的概念。

10.5.1 类也是一种对象

在大多数编程语言中,类就是一组用来描述如何生成一个对象的代码段。这一点在 Python 中仍然成立:

```
class ObjectCreator(object):
    pass

my_object = ObjectCreator()
print (my_object)
#输出: <__main__.ObjectCreator object at 0x8974f2c>
```

但是,Python 中的类还远不止如此。类同样也是一种对象。只要使用关键字 class,Python 解释器在执行时就会创建一个对象。

```
class ObjectCreator(object):
    pass
```

上面的代码将创建一个对象,名字就是 ObjectCreator。这个对象(类)自身拥有创建对象(类实例)的能力,而这就是为什么它是一个类的原因。但是,它的本质仍然是一个对象,因此可以对它做如下的操作:

- 可以将它赋值给一个变量;
- 可以拷贝它;
- 可以为它增加属性;
- 可以将它作为函数参数进行传递。

下面是示例:

```
>>> print (ObjectCreator)           # 可以打印一个类,因为它其实也是一个对象
```

```
<class '__main__.ObjectCreator'>
>>> def echo(o):
…       print (o)
…
>>> echo(ObjectCreator)                        # 可以将类作为参数传给函数
<class '__main__.ObjectCreator'>
>>> print (hasattr(ObjectCreator, 'new_attribute'))
Fasle
>>> ObjectCreator.new_attribute = 'foo'        # 可以为类增加属性
>>> print (hasattr(ObjectCreator, 'new_attribute'))
True
>>> print (ObjectCreator.new_attribute)
foo
>>> ObjectCreatorMirror = ObjectCreator        # 可以将类赋值给一个变量
>>> print (ObjectCreatorMirror())
<__main__.ObjectCreator object at 0x8997b4c>
```

10.5.2 动态地创建类

因为类也是对象,所以可以在运行时动态地创建它们,就像其他任何对象一样。首先,可以在函数中创建类,使用 class 关键字即可。

```
>>> def choose_class(name):
…       if name == 'foo':
…           class Foo(object):
…               pass
…           return Foo                        # 返回的是类,不是类的实例
…       else:
…           class Bar(object):
…               pass
…           return Bar
…
>>> MyClass = choose_class('foo')
>>> print (MyClass)                            # 函数返回的是类,不是类的实例
<class '__main__.choose_class.<locals>.Foo'>
>>> print (MyClass())                          # 可以通过这个类创建类实例,也就是对象
```

```
<__main__.choose_class.<locals>.Foo object at0x89c6d4c>
```

但这还不够动态,因为我们仍然需要自己编写整个类的代码。由于类也是对象,所以它们必须是通过一种方法来生成的。当使用 class 关键字时,Python 解释器自动创建这个对象。但与 Python 中的大多数事情一样,Python 仍然给我们提供手动处理的方法。还记得内建函数 type 吗?这个古老但强大的函数能够让我们知道一个对象是什么类型,就像这样:

```
>>> print (type(1))
<class'int'>
>>> print (type("1"))
< class'str'>
>>> print (type(ObjectCreator))
< class'type'>
>>> print (type(ObjectCreator()))
<class '__main__.ObjectCreator'>
```

type 还有一种完全不同的能力:动态地创建类。type 可以接受一个类的描述作为参数,然后返回一个类。

type 可以像这样工作:

```
type(类名, 父类的元组(针对继承的情况,可以为空), 包含属性的字典(名称和值))
```

例如下面的代码:

```
>>> class MyShinyClass(object):
...     pass
```

也可以像这样创建:

```
>>> MyShinyClass = type('MyShinyClass', (), {})    # 返回一个类对象
>>> print (MyShinyClass)
<class '__main__.MyShinyClass'>
>>> print (MyShinyClass())                          # 创建一个该类的实例
<__main__.MyShinyClass object at 0x8997cec>
```

我们发现使用"MyShinyClass"作为类名,并且也可以把它当作一个变量来作为类的引用。

类和变量是不同的,这里没有任何理由把事情弄得复杂。

type 接受一个字典来为类定义属性,因此:

```
>>> class Foo(object):
…          bar = True
```

可以翻译为:

```
>>> Foo = type('Foo', (), {'bar':True})
```

并且可以将 Foo 当成一个普通的类使用:

```
>>> print (Foo)
<class '__main__.Foo'>
>>> print (Foo.bar)
True
>>> f = Foo()
>>> print (f)
<__main__.Foo object at 0x8a9b84c>
>>> print (f.bar)
True
```

定义继承关系的类:

```
>>> class FooChild(Foo):
…          pass
```

就可以写成:

```
>>> FooChild = type('FooChild', (Foo,),{})
>>> print (FooChild)
<class '__main__.FooChild'>
>>> print (FooChild.bar)       # bar 属性是由 Foo 继承而来
True
```

当希望为类增加方法时,只需要定义一个有着恰当签名的函数,并将其作为属性赋值就可以了。

```
>>> def echo_bar(self):
...         print (self.bar)
...
>>> FooChild = type('FooChild', (Foo,), {'echo_bar': echo_bar})
>>> hasattr(Foo, 'echo_bar')
False
>>> hasattr(FooChild, 'echo_bar')
True
>>> my_foo = FooChild()
>>> my_foo.echo_bar()
True
```

可以看到，在 Python 中，类也是对象，我们可以动态地创建类。这就是在使用关键字 class 时，Python 在幕后做的事情，这是通过元类来实现的。

10.5.3　认识元类

元类就是用来创建类的"东西"，创建类就是为了创建类的实例对象。但是我们已经学习到了 Python 中的类也是对象。元类就是用来创建这些类(对象)的，元类就是类的类，我们可以理解为：

```
MyClass = MetaClass()
MyObject = MyClass()
```

我们已经看到了 type 可以像这样做：

```
MyClass = type('MyClass', (), {})
```

这是因为函数 type 实际上是一个元类。type 就是 Python 在背后用来创建所有类的元类。str 是用来创建字符串对象的类，int 是用来创建整数对象的类，而 type 就是创建类对象的类。我们可以通过检查 __class__ 属性来看到这一点。Python 中所有的东西都是对象，包括整数、字符串、函数及类，而且都是从一个类创建而来。

```
>>> age = 35
>>> age.__class__
```

```
<class 'int'>
>>> name = 'bob'
>>> name.__class__
<class 'str'>
>>> def foo(): pass
>>>foo.__class__
<class 'function'>
>>> class Bar(object): pass
>>> b = Bar()
>>> b.__class__
<class '__main__.Bar'>
```

那么，对于任何一个__class__的属性又是什么呢？答案就是：type 元类。

```
>>> age.__class__.__class__
<class 'type'>
>>> foo.__class__.__class__
< class 'type'>
>>> b.__class__.__class__
< class 'type'>
```

因此，元类就是创建类对象的东西，可以把元类称为"类工厂"。type 就是 Python 的内建元类，当然，我们也可以创建自己的元类。

我们可以在写一个类的时候为其添加 metaclass 参数。

```
class Foo(object, metaclass = something):
    pass
```

若添加参数，Python 就会用元类来创建类 Foo，在类的定义中寻找 metaclass 参数。如果找到了，Python 就会用它来创建类 Foo，如果没有找到，就会用内建的 type 来创建这个类。当写如下代码时：

```
class Foo(Bar):
    pass
```

Python 做了如下操作。

(1) 如果 Foo 中有 metaclass 参数,Python 会通过 metaclass 创建一个名字为 Foo 的类对象。

(2) 如果 Python 没有找到 metaclass,它会继续在 Bar(父类)中寻找 metaclass,并尝试做与前面同样的操作。

(3) 如果找不到 metaclass,Python 就会用内置的 type 来创建这个类对象。

我们可以在 metaclass 中放置创建一个类的操作。type 或任何使用到 type 或者子类化 type 都可以用来创建一个类。

10.5.4 自定义元类

元类的主要目的就是在创建类时能够自动地改变类。通常,我们会为 API 做这样的事情,来创建符合当前上下文的类,如下示例将 Foo 类的属性修改为大写形式。

```python
#元类通常会自动将传给'type'的参数作为自己的参数传入
def upper_attr(class_name, class_parents, class_attr):
    '''返回一个类对象,将属性都转为大写形式'''
    # 选择所有不以'__'开头的属性
    uppercase_attr = {}
    for name, val in class_attr.items():
        if name.startswith('__'):
            uppercase_attr[name] = val
        else:
            uppercase_attr[name.upper()] = val
    #通过'type'来做类对象的创建
    return type(class_name, class_parents, uppercase_attr)

class Foo(object, metaclass=upper_attr):
    bar = 'bar'

print(hasattr(Foo, 'bar'))
#输出: False

print(hasattr(Foo, 'BAR'))
#输出: True
```

```
f = Foo()
print(f.BAR)
#输出： 'bar'
```

现在让我们再做一次，这一次用一个真正的 class 来当作元类。在使用自定义元类之前，我们先来了解__new__()和__init__()方法。

__new__()方法是用来创建对象并返回对象的方法，在__init__()方法之前被调用，而__init__()方法只是用来将传入的参数初始化给对象。我们很少会用到__new__()方法，除非希望能够控制对象的创建。我们在这里创建的对象是类，并希望能够自定义它，所以改写了__new__()方法。当然也可以在__init__()中做一些事情，还有一些高级的用法会涉及改写__call__()特殊方法，这里暂不涉及。

```
# 请记住，'type'实际上是一个类，就像'str'和'int'一样
# 所以，你可以从 type 继承
class UpperAttrMetaClass(type):
    def __new__(upperattr_metaclass, future_class_name, future_class_parents, \
 future_class_attr):
        attrs = ((name, value) for name, value in future_class_attr.items() \
 if not name.startswith('__'))
        uppercase_attr = dict((name.upper(), value) for name, value in attrs)
        return type(future_class_name, future_class_parents, uppercase_attr)
```

但是，这种方式其实不是 OOP(面向对象编程)。我们直接调用了 type，而且没有改写父类的__new__方法。现在让我们这样去处理：

```
class UpperAttrMetaclass(type):
    def __new__(upperattr_metaclass, future_class_name, future_class_parents, \
 future_class_attr):
        attrs = ((name, value) for name, value in future_class_attr.items() \
 if not name.startswith('__'))
        uppercase_attr = dict((name.upper(), value) for name, value in attrs)

        # 复用 type.__new__方法
        # 这就是基本的 OOP 编程
        return type.__new__(upperattr_metaclass, future_class_name, \
```

future_class_parents, uppercase_attr)

我们可能已经注意到有个额外的参数 upperattr_metaclass，这并没有什么特别的，类方法的第一个参数总是表示当前的实例，就像在普通的类方法中的 self 参数一样。当然，为了清晰起见，这里的名字都比较长，但是就像 self 一样，所有的参数都有它们的传统名称。因此，在真实的项目代码中，一个元类应该是这样的：

```python
class UpperAttrMetaclass(type):
    def __new__(cls, name, bases, dct):
        attrs = ((name, value) for name, value in dct.items() if not name.startswith('__'))
        uppercase_attr = dict((name.upper(), value) for name, value in attrs)
        return type.__new__(cls, name, bases, uppercase_attr)
```

如果使用 super 方法，我们还可以使它变得更清晰一些：

```python
class UpperAttrMetaclass(type):
    def __new__(cls, name, bases, dct):
        attrs = ((name, value) for name, value in dct.items() if not name.startswith('__'))
        uppercase_attr = dict((name.upper(), value) for name, value in attrs)
        return super(UpperAttrMetaclass, cls).__new__(cls, name, \
bases, uppercase_attr)
```

使用到元类的代码比较复杂，并不是因为元类本身复杂，而是我们通常会使用元类去做一些比较晦涩的事情，如自省检查、控制继承等。但就元类本身而言，它们其实是很简单的，具有如下功能。

- 拦截类的创建。
- 修改类。
- 返回修改之后的类。

10.6 多线程编程

多线程类似于同时执行多个不同程序，多线程运行有如下优点。

- 使用线程可以把占据长时间的程序中的任务放到后台去处理。
- 用户界面可以更加吸引人，例如，当用户单击一个按钮触发某些事件的处理时，可以弹出一个进度条来显示处理的进度。
- 程序的运行速度更快。
- 在一些等待的任务实现上，如用户输入、文件读写和网络收发数据等，线程作用比较大。在这种情况下我们可以释放一些珍贵的资源，如CPU、内存占用等。

线程在执行过程中与进程还是有区别的。每个独立的线程有一个程序运行的入口、顺序执行序列和程序的出口。但是线程不能够独立执行，必须依存在应用程序中，由应用程序提供多个线程执行控制。

每个线程都有一组 CPU 寄存器，称为线程的上下文，该上下文反映了线程的执行状态。比较重要的寄存器有指令指针寄存器和堆栈指针寄存器。

10.6.1 线程模块

Python 3 通过两个标准库 _thread 和 threading 提供对线程的支持。

_thread 提供了低级别的、原始的线程及一个简单的锁，它相比于 threading 模块的功能还是比较有限的。

threading 模块除了包含 _thread 模块中的所有方法外，还提供如下几种方法。

- threading.currentThread()：返回当前的线程变量。
- threading.enumerate()：返回一个包含正在运行的线程的list。正在运行指线程启动后、结束前，不包括启动前和终止后的线程。
- threading.activeCount()：返回正在运行的线程数量，与len(threading.enumerate())有相同的结果。

除了使用方法外，线程模块同样提供了 Thread 类来处理线程，Thread 类提供了以下方法。

- run()：用以表示线程活动的方法。
- start()：启动线程活动。
- join([time])：等待至线程中止。它会阻塞调用线程，直至线程的join()方法被中止、正常退出、抛出未处理的异常，或者发生超时。
- isAlive()：返回线程是否活动的。
- getName()：返回线程名。

- setName()：设置线程名。

10.6.2 线程启动与停止

我们可以通过直接从 threading.Thread 继承创建一个新的子类，并实例化后调用 start() 方法启动新线程，即它调用了线程的 run() 方法。

```python
import threading
import time

exitFlag = 0

class myThread (threading.Thread):
    def __init__(self, threadID, name, counter):
        threading.Thread.__init__(self)
        self.threadID = threadID
        self.name = name
        self.counter = counter

    def run(self):
        print ("开始线程：" + self.name)
        print_time(self.name, self.counter, 5)
        print ("退出线程：" + self.name)

def print_time(threadName, delay, counter):
    while counter:
        if exitFlag:
            threadName.exit()
        time.sleep(delay)
        print ("%s: %s" % (threadName, time.ctime(time.time())))
        counter -= 1

# 创建新线程
thread1 = myThread(1, "Thread-1", 1)
thread2 = myThread(2, "Thread-2", 2)
```

```
# 开启新线程
thread1.start()
thread2.start()
thread1.join()
thread2.join()
print ("退出主线程")
```

以上程序执行结果如下。

```
开始线程：Thread-1
开始线程：Thread-2
Thread-1: Mon Mar 25 14:15:25 2019
Thread-1: Mon Mar 25 14:15:26 2019
Thread-2: Mon Mar 25 14:15:26 2019
Thread-1: Mon Mar 25 14:15:27 2019
Thread-2: Mon Mar 25 14:15:28 2019
Thread-1: Mon Mar 25 14:15:28 2019
Thread-1: Mon Mar 25 14:15:29 2019
退出线程：Thread-1
Thread-2: Mon Mar 25 14:15:30 2019
Thread-2: Mon Mar 25 14:15:32 2019
Thread-2: Mon Mar 25 14:15:34 2019
退出线程：Thread-2
退出主线程
```

10.6.3 线程同步

如果多个线程同时对某个数据修改，则可能会出现不可预料的结果。为了保证数据的正确性，需要对多个线程进行同步。

1. Lock对象

若要在多线程程序中安全地使用可变对象，可以使用 threading 库中的 Lock 对象，如下。

```
import threading
```

```python
class SharedCounter:
    '''
    A counter object that can be shared by multiple threads.
    '''
    def __init__(self, initial_value = 0):
        self._value = initial_value
        self._value_lock = threading.Lock()

    def incr(self,delta=1):
        '''
        Increment the counter with locking
        '''
        with self._value_lock:
            self._value += delta

    def decr(self,delta=1):
        with self._value_lock:
            self._value -= delta
```

Lock 对象与 with 语句块一起使用可以保证互斥执行，即每次只有一个线程可以执行 with 语句包含的代码块。with 语句会在这个代码块执行前自动获取锁，在执行结束后自动释放锁。

线程调度本质上是不确定的，因此，在多线程程序中错误地使用锁机制可能会导致随机数据损坏或者其他的异常行为，我们称之为竞争条件。为了避免竞争条件，最好只在临界区(对临界资源进行操作的那部分代码)使用锁。在一些"老的" Python 代码中，显式获取和释放锁是很常见的。上面示例改变后如下：

```python
import threading

class SharedCounter:
    '''
    A counter object that can be shared by multiple threads.
    '''
    def __init__(self, initial_value = 0):
        self._value = initial_value
        self._value_lock = threading.Lock()
```

```python
    def incr(self,delta=1):
        '''
        Increment the counter with locking
        '''
        self._value_lock.acquire()
        self._value += delta
        self._value_lock.release()

    def decr(self,delta=1):
        '''
        Decrement the counter with locking
        '''
        self._value_lock.acquire()
        self._value -= delta
        self._value_lock.release()
```

相比于这种显式调用的方法，with 语句更加优雅，也更不容易出错，特别是程序员可能会忘记调用 release()方法或者程序在获得锁之后产生异常这两种情况，因为使用 with 语句可以保证在这两种情况下仍能正确释放锁。

2. RLock对象

为了保护临界资源，使用锁机制的程序应该设定为每个线程一次只允许获取一个锁。一个RLock(可重入锁)可以被同一个线程多次获取，主要用来实现基于监测对象模式的锁定和同步。在使用这种锁的情况下，当锁被持有时，只有一个线程可以使用完整的函数或者类中的方法。例如，我们可以实现一个这样的SharedCounter类：

```python
import threading

class SharedCounter:
    '''
    A counter object that can be shared by multiple threads.
    '''
    _lock = threading.RLock()
```

```python
    def __init__(self, initial_value = 0):
        self._value = initial_value

    def incr(self, delta=1):
        '''
        Increment the counter with locking
        '''
        with SharedCounter._lock:
            self._value += delta

    def decr(self, delta=1):
        '''
        Decrement the counter with locking
        '''
        with SharedCounter._lock:
            self.incr(-delta)
```

在上面的例子中，没有对每一个实例中的可变对象加锁，取而代之的是一个被所有实例共享的类级锁。这个锁用来同步类方法，具体来说，就是这个锁可以保证一次只有一个线程可以调用这个类方法。不过，与一个标准的锁不同的是，已经持有这个锁的方法在调用同样使用这个锁的方法时，无须再次获取锁，如 decr() 方法。

这种实现方式的一个特点是，无论这个类有多少个实例都只用一个锁，因此，在需要大量使用计数器的情况下内存效率更高。不过这样做也有缺点，就是在程序中使用大量线程并频繁更新计数器时会有争用锁的问题。

3. 信号量对象

信号量对象是一个建立在共享计数器基础上的同步原语。如果计数器不为 0，with 语句将计数器减 1，线程被允许执行。with 语句执行结束后，计数器加 1。如果计数器为 0，线程将被阻塞，直到其他线程结束将计数器加 1。

尽管我们可以在程序中像标准锁一样使用信号量来做线程同步，但是这种方式并不被推荐，因为使用信号量为程序增加的复杂性会影响程序性能。相对于简单地作为锁使用，信号量更适用于需要在线程之间引入信号或者限制的程序。例如，我们需要限制一段代码的并发访问量时，就可以像下面这样使用信号量完成。

```python
from threading import Semaphore
import urllib.request

# At most, five threads allowed to run at once
_fetch_url_sema = Semaphore(5)

def fetch_url(url):
    with _fetch_url_sema:
        return urllib.request.urlopen(url)
```

10.6.4 线程通信

从一个线程向另一个线程发送数据最安全的方式可能就是使用 queue 库中的队列了。创建一个被多个线程共享的 Queue 对象，这些线程通过使用 put() 和 get() 操作来向队列中添加或者删除元素。例如：

```python
from queue import Queue
from threading import Thread

# A thread that produces data
def producer(out_q):
    while True:
        # Produce some data
        ...
        out_q.put(data)

# A thread that consumes data
def consumer(in_q):
    while True:
    # Get some data
        data = in_q.get()
        # Process the data
        ...
```

```
# Create the shared queue and launch both threads
q = Queue()
t1 = Thread(target=consumer, args=(q,))
t2 = Thread(target=producer, args=(q,))
t1.start()
t2.start()
```

Queue 对象已经包含了必要的锁，所以我们可以通过它在多个线程间安全地共享数据。

10.6.5 防止死锁

所谓死锁，是指两个或两个以上的进程或线程在执行过程中，因争夺资源而造成的一种互相等待的现象，若无外力作用，它们都将无法推进下去。此时称系统处于死锁状态或系统产生了死锁，这些永远在互相等待的线程称为死锁线程。

解决死锁问题的一种方案是为程序中的每一个锁分配一个唯一的 id，然后只允许按照升序规则来使用多个锁，这个规则使用上下文管理器是非常容易实现的，示例如下：

```
import threading
from contextlib import contextmanager

# Thread-local state to stored information on locks already acquired
_local = threading.local()

@contextmanager
def acquire(*locks):
    # Sort locks by object identifier
    locks = sorted(locks, key=lambda x: id(x))

    # Make sure lock order of previously acquired locks is not violated
    acquired = getattr(_local,'acquired',[])
    if acquired and max(id(lock) for lock in acquired) >= id(locks[0]):
        raise RuntimeError('Lock Order Violation')

    # Acquire all of the locks
    acquired.extend(locks)
    _local.acquired = acquired
```

```
        try:
            for lock in locks:
                lock.acquire()
            yield
        finally:
            # Release locks in reverse order of acquisition
            for lock in reversed(locks):
                lock.release()
            del acquired[-len(locks):]
```

如何使用这个上下文管理器呢?我们可以按照正常途径创建一个锁对象,但不论是单个锁还是多个锁中都使用 acquire()函数来申请锁,示例如下:

```
import threading
x_lock = threading.Lock()
y_lock = threading.Lock()

def thread_1():
    while True:
        with acquire(x_lock, y_lock):
            print('Thread-1')

def thread_2():
    while True:
        with acquire(y_lock, x_lock):
            print('Thread-2')

t1 = threading.Thread(target=thread_1)
t1.daemon = True
t1.start()


t2 = threading.Thread(target=thread_2)
t2.daemon = True
t2.start()
```

执行这段代码，我们会发现它即使在不同的函数中以不同的顺序获取锁也没有发生死锁。其关键在于，在第一段代码中，我们对这些锁进行了排序。通过排序，使得不管用户以什么样的顺序来请求锁，这些锁都会按照固定的顺序被获取。

10.7 全局解释器锁(GIL)

尽管 Python 完全支持多线程编程，但是解释器的 C 语言实现部分在完全并行执行时并不是线程安全的。实际上，解释器被一个全局解释器锁保护着，它确保任何时候都只有一个 Python 线程执行。GIL 最大的问题就是 Python 的多线程程序并不能利用多核 CPU 的优势(如一个使用了多个线程的计算密集型程序只会在一个单 CPU 上运行)。

Python 解释器按照以下的方式来运行。

(1) 设置 GIL。

(2) 切换一个线程去运行。

(3) 运行，有指定数量的字节码的指令或线程主动让出控制两种方法。

(4) 把线程设置为休眠状态。

(5) 解锁 GIL。

(6) 重复以上步骤。

在讨论普通的 GIL 之前，有一点要强调的是，GIL 只会影响严重依赖 CPU 的程序(如计算型的)。如果程序大部分只会涉及 I/O(如网络交互)，那么使用多线程就很合适，因为它们大部分时间都在等待。实际上，可以放心地创建几千个 Python 线程，现代操作系统运行这么多线程没有任何压力。

而对于依赖 CPU 的程序，我们需要弄清楚执行计算的特点。例如，优化底层算法要比使用多线程运行快得多。类似地，由于 Python 是解释执行的，如果将性能瓶颈代码移到一个 C 语言扩展模块中，速度也会提升得很快。

还有一点要注意的是，线程不是专门用来优化性能的。一个 CPU 依赖型程序可能会使用线程来管理一个图形用户界面、一个网络连接或其他服务。这时候，GIL 会产生一些问题，因为一个线程长期持有 GIL 会导致其他非 CPU 型线程一直等待。事实上，一个写得不好的 C 语言扩展会导致这个问题更加严重,尽管代码的计算部分会比之前运行得更快。

我们有两种策略来解决 GIL 的缺点。

第一个解决策略是,如果我们完全工作于 Python 环境中,可以使用 multiprocessing 模块来创建一个进程池,并像协同处理器一样使用它。例如,假如有如下线程代码:

```
# Performs a large calculation (CPU bound)
def some_work(args):
    ...
    return result

# A thread that calls the above function
def some_thread():
    while True:
        ...
        r = some_work(args)
        ...
```

修改代码,使用进程池:

```
# Processing pool (see below for initiazation)
pool = None

# Performs a large calculation (CPU bound)
def some_work(args):
    ...
    return result

# A thread that calls the above function
def some_thread():
    while True:
        ...
        r = pool.apply(some_work, (args))
        ...

# Initiaze the pool
```

```python
if __name__ == '__main__':
    import multiprocessing
    pool = multiprocessing.Pool()
```

上面代码通过使用一个技巧利用进程池解决了GIL的问题。当一个线程想要执行CPU密集型工作时，会将任务发给进程池，然后进程池会在另外一个进程中启动一个单独的Python解释器来工作，当线程等待结果的时候会释放GIL，并且，由于计算任务在单独解释器中执行，因此不会受限于GIL。在一个多核系统上面，会发现这个技术可以让我们很好地利用多CPU的优势。

第二个解决 GIL 的策略是使用 C 扩展编程技术。其主要思想是将计算密集型任务转移给 C，与 Python 相互独立，在工作时在 C 代码中释放 GIL。我们可以通过在 C 代码中插入下面的特殊宏来完成：

```c
#include "Python.h"
...

PyObject *pyfunc(PyObject *self, PyObject *args) {
    ...
Py_BEGIN_ALLOW_THREADS
    // Threaded C code
    ...
Py_END_ALLOW_THREADS
    ...
}
```

如果使用其他工具访问 C 语言，如对于 Cython 的 ctypes 库，我们不需要做任何事。例如，ctypes 在调用 C 时会自动释放 GIL。

第 11 章

Python 实践：SMTP 邮件发送

实践内容：

使用 SMTP 模块发送邮件，邮件内容包含文本格式、HTML 格式、图片格式，并学会发送带附件的邮件，以及如何对邮件内容进行加密。

实践目标：

- 理解SMTP。
- 掌握Python SMTP发送文本邮件。
- 掌握Python SMTP发送HTML格式邮件。
- 掌握Python SMTP发送带附件的邮件。

- 掌握Python SMTP发送图片。
- 掌握Python SMTP加密方式。

11.1 知识点介绍

11.1.1 名词解析

- SMTP(Simple Mail Transfer Protocol)：即简单邮件传输协议，它是一组用于由源地址到目的地址传送邮件的规则，由它来控制信件的中转方式。
- E-mail：负责构造邮件信息。
- Smtplib：提供了一种很方便的途径进行发送电子邮件。它对SMTP协议进行了简单的封装。
- MIMEText：邮件的主体内容对象。
- MUA(Mail User Agent)：电子邮件系统的构成之一，接受用户输入的各种指令。
- MTA(Mail Transfer Agent)：将来自MUA的信件转发给指定的用户的程序。
- MDA(Model Driven Architecture)：可以理解为中国移动手机邮箱软件，也可以理解为模型驱动架构。

11.1.2 电子邮件发送流程

电子邮件发送流程如图 11-1 所示。

图11-1 电子邮件发送流程

编写程序发送和接收邮件流程如下。

(1) 使用 SMTP 协议将编写的 MUA 发送到 MTA。

(2) 编写 MUA 从 MDA 上收邮件。使用的协议有 POP3 和 IMAP 两种，IMAP 的优点是不但能取邮件，还可以操作 MDA 中的邮件，如将邮件移入垃圾箱等。

11.2 案例实现

我们经常会接收到如图 11-2 所示的生日贺卡或邮件。

图11-2 生日贺卡邮件

在我们生日的当天，会收到来自 QQ 发送给我们的生日祝福邮件或者朋友发送的祝福邮件。那么我们如何使用 Python smtp 给朋友发送邮件呢？

11.2.1 使用SMTP发送文本格式邮件

(1) 设置邮件发送人及邮件接收人。

```
1    ### coding-utf-8
2    import smtplib
3    from email.mime.text import MIMEText
4    
5    # 输入邮件发送人及收件人邮箱
6    msg_from = input('From: ')
7    msg_pwd = input('Password: ')
8    msg_to = input('To: ')
```

逐行解析：第 2 行导入 smtplib 模块。第 3 行导入 email 的 MIMEText 邮件主体内容对象。第 6~8 行接受输入的发信人的账号、密码及接收人的账号信息。

(2) 设置邮件的发送信息及邮件内容。

```
12    subject = '生日祝福'  # 主题
13    content = '这是我使用 python smtplib 及 email 模块发送的生日祝福邮件'
14    msg = MIMEText(content)
15    msg['Subject'] = subject
16    msg['From'] = msg_from
17    msg['To'] = msg_to
```

逐行解析：第 12~17 行分别设置邮件标题和邮件主体内容及邮件发送人和邮件接收人信息。

(3) 发送邮件。

```
20    try:
21        server = smtplib.SMTP('smtp.qq.com', 25)
22        server.ehlo()
23        server.starttls()
24        server.login(msg_from, msg_pwd)
25        server.sendmail(msg_from, msg_to, msg.as_string())
26        print('发送成功')
27    except smtplib.SMTPException:
28        print('发送失败')
29    finally:
30        server.quit()
```

逐行解析：第 21 行使用 tls 方式进行邮件发送，"smtp.qq.com" 为 QQ 邮箱服务器，"25" 为该服务器的端口号。第 22 行进行身份验证。第 23 行将邮件信息使用 tls 进行加密保证发送邮件的安全性。第 24 和第 25 行登录及发送邮件信息，邮件发送成功则在控制台打印发送成功，否则打印发送失败。第 30 行结束 smtp 对象。

执行结果如下：

发送成功

查看邮箱，收到如图 11-3 所示的文本格式邮件。

图11-3　文本格式邮件

注意，使用 SMTP 发送邮件需先开启邮箱的"IMAP/SMTP 服务"。操作步骤如下。

(1) 在 QQ 邮箱"设置"页面，单击"账户"选项卡，如图 11-4 所示。

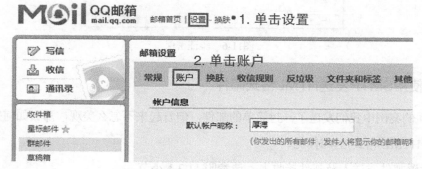

图11-4　"设置"页面

(2) 在打开的"账户"页面中，找到"POP3/IMAP/SMTP/Exchange/CardDAV/CalDAV 服务"配置项，单击"IMAP/SMTP 服务"右侧的"开启"按钮，如图 11-5 所示。

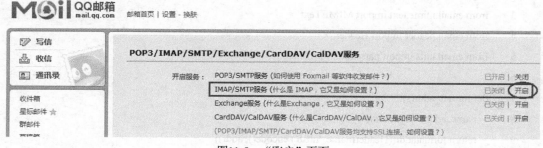

图11-5　"账户"页面

(3) 单击"开启"按钮后，QQ 邮箱会要求密保验证，一般为短信验证。验证成功后，即可开启"IMAP/SMTP 服务"，如图 11-6 所示。

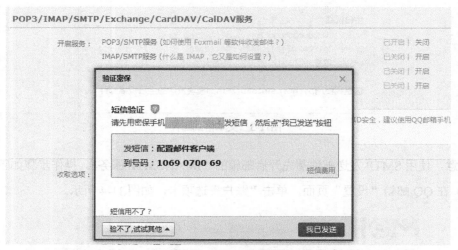

图11-6 验证密保

11.2.2 使用SMTP发送HTML格式邮件

在上面的案例中我们发送了一封简单的邮件,但看起来不怎么美观,那么如何发送一封比较美观(带 HTML 格式)的邮件呢?

(1) 设置邮件发送人及邮件接收人,请参照 11.2.1 小节。

(2) 设置发送邮件内容。

```
1    ### coding-utf-8
2    import smtplib
3    from email.mime.text import MIMEText
4    from email.header import Header
5    from email.utils import parseaddr, formataddr
6    
7    def format_addr(s):
8        name, addr = parseaddr(s)
9        return formataddr((Header(name, 'utf-8').encode(), addr))
......
15   
16   subject = Header('来自 SMTP 的祝福', 'utf-8').encode()
17   content = MIMEText('<html><body><h1>Hello</h1>' +
18       '<p>send by <a href="http://www.python.org">Python</a>...</p>' +
19       '</body></html>', 'html', 'utf-8')
```

```
20    msg = content
21    msg['Subject'] = subject
22    msg['From'] = format_addr('Python 程序发送 <%s>' % msg_from)
23    msg['To'] = format_addr(msg_to)
```

逐行解析：第 2~5 行导入 smtplib 模块及 email 对象。第 7~9 行格式化地址信息函数。注意不能简单地传入 name 和 addr，如果包含中文，需要通过 Header 对象进行编码。第 16 行设置邮件的标题信息。第 17 行设置邮件的主体内容，以 HTML 格式进行传递。第 22 和第 23 行将发送人及接收人进行格式化，发送的邮件路径以 "<>" 符号包含起来，并赋值给 msg。

(3) 发送 HTML 格式的邮件，请参照 11.2.1 小节。

执行结果如下：

发送成功

查看邮箱，收到如图 11-7 所示的 HTML 格式邮件。

图11-7　HTML格式邮件

注意：

(1) 格式化后的发件人显示"Python程序发送"，接收人能更清晰定位发送人信息。

(2) 发送的邮件带HTML格式，当单击a标签Python时，则跳转到Python官网。

11.2.3　使用SMTP发送带附件的邮件

在上面的案例中，我们发送了带HTML格式的邮件，能够通过HTML标签将邮件的主体内容变得精美，那么我们如何发送带附件的邮件呢？接下来，我们对带附件的邮件进行分析。

带附件的邮件可以看作是包含若干部分的邮件：文本和各个附件。我们可以构造一个MIMEMultipart 对象代表邮件本身，然后加上 MIMEText 作为邮件正文，再继续添加表示附件的 MIMEBase 对象即可。

(1) 设置邮件发送人及邮件接收人，请参照 11.2.1 小节。

(2) 设置发送邮件信息。

```
1    ### coding-utf-8
2    import smtplib
3    from email.mime.text import MIMEText
4    from email.header import Header
5    from email.utils import parseaddr, formataddr
6    from email.mime.multipart import MIMEMultipart
7    from email.mime.base import MIMEBase
8    from email import encoders
……
18
19   subject = Header('来自 SMTP 的祝福', 'utf-8').encode()
20   content = MIMEText('<html><body><h1>Hello</h1>' +
21       '<p>send by <a href="http://www.python.org">Python</a>...</p>' +
22       '</body></html>', 'html', 'utf-8')
23   msg = MIMEMultipart()
24   msg['Subject'] = subject
25   msg['From'] = format_addr('Python 程序发送<%s>' % msg_from)
26   msg['To'] = format_addr(msg_to)
27
28   # add MIMEText
29   msg.attach(content)
30
31   # add file
32   with open('attached_file.jpg', 'rb') as f:
33       mime = MIMEBase('image', 'jpg', filename='test.jpg')
34       mime.add_header('Content-Disposition', 'attachment', filename='test.jpg')
35       mime.add_header('Content-ID', '<0>')
36       mime.add_header('X-Attachment-Id', '0')
37       mime.set_payload(f.read())
38       encoders.encode_base64(mime)
39       msg.attach(mime)
```

逐行解析：第 2~8 行导入发送邮件所需的类对象。第 19~26 行实例化邮件 MIMEMultipart 对象，并为该对象设置标题、发件人、收件人信息。第 29 行将邮件内容添加到邮件对象中。第 32~39 行实例化邮件附件对象，设置附件的 header 信息，将附件进行编码格式转换，并添加到邮件对象中。如果有多个附件，则创建多个附件的对象。

(3) 发送邮件，请参照 11.2.1 小节。

执行结果：

发送成功

查看邮箱，收到带附件的 HTML 格式邮件，如图 11-8 所示。

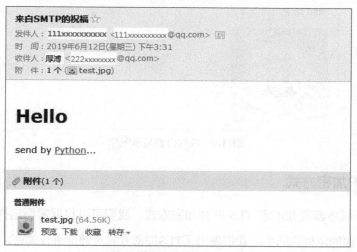

图11-8　带附件的HTML格式邮件

如何将发送的图片附件展示到邮件内容中，让我们的邮件内容更精美呢？

其实方法非常简单，我们可能已经留意到在上述实例化附件对象时，曾设置过附件 ID：

```
36    mime.add_header('X-Attachment-Id', '0')
```

我们只需要在邮件主体内容中使用该 ID 即可。例如，在 HTML 内容中添加一个图片标签，该标签引用了附件 ID，即<img src="cid:0" />，最终附件图片将展示在邮件内容中。示例代码如下：

```
content = MIMEText('<html><body><h1>Hello</h1>' +
```

```
        '<p>send by <a href="http://www.python.org">Python</a>...</p>' +
    '<img src="cid:0" />' +
        '</body></html>', 'html', 'utf-8')
```

打开邮件,如图 11-9 所示。

图11-9　邮件内容显示图片

11.2.4　SMTP加密方式

连接 SMTP 服务器有 SSL 和 TLS 两种加密方式,我们可以根据需要选择其中一种。

在本章节前面的示例代码中,我们使用了TLS加密方式对通信进行加密,端口号为SMTP,端口为 25,主要代码为下面 3 行:

```
server = smtplib.SMTP('smtp.qq.com', 25)
server.ehlo()
server.starttls()
```

使用纯粹的 SSL 加密方式,端口号为 465。只需将上述 TLS 加密对应的 3 行代码替换为:

```
server = smtplib.SMTP_SSL('smtp.qq.com', 465)
```

第12章

Python实践：XML解析

实践内容：
使用 DOM 和 SAX 两种 XML 解析接口对 XML 文档进行解析，提取格式化信息。

实践目标：
- 理解XML语言。
- 掌握Python SAX解析器和事件处理器。
- 掌握Python DOM使用方法。

12.1 知识点介绍

12.1.1 什么是XML

XML(eXtensible Markup Language,可扩展标记语言),被设计用来传输和存储数据。

常见的 XML 解析接口有 DOM 和 SAX 两种方式,这两种接口处理 XML 文件的方式不同,当然使用的场合也不同。

12.1.2 Python SAX(Simple API for XML)

利用 SAX 解析 XML 文档涉及两个部分:解析器和事件处理器。

- 解析器:负责读取XML文档。
- 事件处理器:负责对事件做出响应,对传递的XML数据进行处理,如startElement()在xml标签读取前触发,endElement()在xml标签读取结束后触发,characters()在xml内容读取时事件触发。

1. SAX对XML解析的步骤

(1) 对XML文件进行处理。
(2) 解析XML文档中所需要的标签信息及内容。
(3) 将解析的XML数据存储到指定的对象模型中。

2. 具体实现步骤

(1) 使用 SAX 方式处理 XML 文件要先引入 xml.sax 中的 parse 函数,还有 xml.sax.handler 中的 ContentHandler。

(2) 重写 ContentHandler 类,可使用以下几种方法。

- StartDocument()方法:文档启动的时候调用。
- EndDocument()方法:解析器到达文档结尾时调用。
- StartElement(name,attrs)方法:遇到XML开始标签时调用,name是标签的名字,attrs是标签的属性值字典。

- EndElement(name)方法：遇到XML结束标签时调用。

(3) 创建一个新的解释器对象并返回。

xml.sax.make_parser([parser_list])

- parser_list：可选参数，解析器列表。

(4) 创建一个 SAX 解析器并解析 XML 文档。

xml.sax.parse(xmlfile, contenthandler, [errorhandler])

- xmlfile：xml文件名。
- contenthandler：必须是ContentHandler对象。
- errorhandler：如果指定了该参数，errorhandler必须是一个SAX ErrorHandler对象。

12.1.3　Python DOM(Document Object Model)

Python DOM将XML文件在内存中解析成一个DOM树，通过对DOM树来操作XML文件。

实现步骤：

(1) 使用 DOM 方式处理 XML 文件要引入 xml.dom.minidom 模块。
(2) 使用 minidom 解析器打开 XML 文档，并解析成 DOM 树。
(3) 解析节点并循环打印 XML 内容。

12.1.4　DOM和SAX的区别

DOM 会把整个 XML 读入内存，解析为 DOM 树，因此占用内存大，解析慢，优点是可以任意遍历树的节点。

SAX 是流模式，边读边解析，占用内存小，解析快，缺点是需要自己处理标签读取的事件。

在内存不是很充足时，优先考虑 SAX。

12.2 案例实现

12.2.1 使用SAX提取电影信息

电影信息 movies.xml 文件如下。

```xml
<?xml version="1.0" encoding="UTF-8"?>
<collection shelf="New Arrivals">
<movie title="Enemy Behind">
<type>War, Thriller</type>
<format>DVD</format>
<year>2003</year>
<rating>PG</rating>
<stars>10</stars>
<description>Talk about a US-Japan war</description>
</movie>
<movie title="Transformers">
<type>Anime, Science Fiction</type>
<format>DVD</format>
<year>1989</year>
<rating>R</rating>
<stars>8</stars>
<description>A schientific fiction</description>
</movie>
<movie title="Trigun">
<type>Anime, Action</type>
<format>DVD</format>
<episodes>4</episodes>
<rating>PG</rating>
<stars>10</stars>
<description>Vash the Stampede!</description>
</movie>
<movie title="Ishtar">
```

```
<type>Comedy</type>
<format>VHS</format>
<rating>PG</rating>
<stars>2</stars>
<description>Viewable boredom</description>
</movie>
</collection>
```

代码整体分析：首先导入 xml.sax 模块。其次重写 xml.sax.ContentHandler 类中的标签：开始处理事件(startElement())、内容处理事件(characters())、标签结束处理事件(endElement())，以及 XML 对象初始化方法(__init__())。最后使用自定义的 xml 文件处理类来解析 movies.xml 文件，并输出结果。

自定义的 XML 文件处理类 MovieHandler 类结构如下所示。

```python
class MovieHandler( xml.sax.ContentHandler ):
    def __init__(self):
        pass

    # 元素开始事件处理
    def startElement(self, tag, attributes):
        pass

    # 内容事件处理
    def characters(self, content):
        pass

    # 元素结束事件处理
    def endElement(self, tag):
        pass
```

(1) 导入 xml.sax 模块。

```python
import xml.sax
```

(2) 定义 MovieHandler 类初始化方法。

```
6    class MovieHandler( xml.sax.ContentHandler ):
7        def __init__(self):
8            self.CurrentData = ""
9            self.type = ""
10           self.format = ""
11           self.year = ""
12           self.rating = ""
13           self.stars = ""
14           self.description = ""
```

逐行解析：第 8 行记录标签名称信息。第 9~14 行记录 XML 文档中指定标签的内容的属性。

(3) 重写标签开始处理事件。

```
16       # 元素开始事件处理
17       def startElement(self, tag, attributes):
18           self.CurrentData = tag
19           if tag == "movie":
20               print("*****Movie*****")
21               title = attributes["title"]
22               print("Title:", title)
```

逐行解析：第 18 行用来记录读取的 XML 标签名称。第 20~22 行判断读取的标签是否是 movie 标签，若是，则获取 movie 标签内容，并打印到控制台。

(4) 重写内容处理事件。

```
24       # 内容事件处理
25       def characters(self, content):
26           if self.CurrentData == "type":
27               self.type = content
28           elif self.CurrentData == "format":
29               self.format = content
30           elif self.CurrentData == "year":
```

```
31              self.year = content
32         elif self.CurrentData = = "rating":
33              self.rating = content
34         elif self.CurrentData = = "stars":
35              self.stars = content
36         elif self.CurrentData = = "description":
37              self.description = content
```

逐行解析：第 26~37 行获取当前读取的 XML 标签，并将标签的值存入指定的属性中。

(5) 重写标签结束处理事件。

```
39     # 元素结束事件处理
40     def endElement(self, tag):
41         if self.CurrentData = = "type":
42              print("Type:", self.type)
43         elif self.CurrentData = = "format":
44              print("Format:", self.format)
45         elif self.CurrentData = = "year":
46              print("Year:", self.year)
47         elif self.CurrentData = = "rating":
48              print("Rating:", self.rating)
49         elif self.CurrentData = = "stars":
50              print("Stars:", self.stars)
51         elif self.CurrentData = = "description":
52              print("Description:", self.description)
53         self.CurrentData = ""
```

逐行解析：第 41~52 行标签读取完后将读取的 XML 值打印到控制台。第 53 行清空 CurrentData 内容。

(6) 使用 MovieHandler 类解析 movies.xml 文件。

```
56     if ( __name__ == "__main__"):
57
58         # 创建一个 XMLReader
59         parser = xml.sax.make_parser()
60         # 关闭 namepsaces
```

167

```
61      parser.setFeature(xml.sax.handler.feature_namespaces, 0)
62
63      # 重写 ContextHandler
64      Handler = MovieHandler()
65      parser.setContentHandler( Handler )
66
67      parser.parse("movies.xml")
```

逐行解析：第59~65行创建XMLReader对象及MovieHandler对象。第67行使用XMLReader对象读取并解析movies.xml。

完整代码如下。

```
1    #!/usr/bin/python
2    # -*- coding: UTF-8 -*-
3
4    import xml.sax
5
6    class MovieHandler( xml.sax.ContentHandler ):
7       def __init__(self):
8          self.CurrentData = ""
9          self.type = ""
10         self.format = ""
11         self.year = ""
12         self.rating = ""
13         self.stars = ""
14         self.description = ""
15
16      # 元素开始事件处理
17      def startElement(self, tag, attributes):
18         self.CurrentData = tag
19         if tag == "movie":
20            print("*****Movie*****")
21            title = attributes["title"]
22            print("Title:", title)
23
24      # 内容事件处理
```

```python
25      def characters(self, content):
26          if self.CurrentData == "type":
27              self.type = content
28          elif self.CurrentData == "format":
29              self.format = content
30          elif self.CurrentData == "year":
31              self.year = content
32          elif self.CurrentData == "rating":
33              self.rating = content
34          elif self.CurrentData == "stars":
35              self.stars = content
36          elif self.CurrentData == "description":
37              self.description = content
38  
39      # 元素结束事件处理
40      def endElement(self, tag):
41          if self.CurrentData == "type":
42              print("Type:", self.type)
43          elif self.CurrentData == "format":
44              print("Format:", self.format)
45          elif self.CurrentData == "year":
46              print("Year:", self.year)
47          elif self.CurrentData == "rating":
48              print("Rating:", self.rating)
49          elif self.CurrentData == "stars":
50              print("Stars:", self.stars)
51          elif self.CurrentData == "description":
52              print("Description:", self.description)
53          self.CurrentData = ""
54  
55  
56  if (__name__ == "__main__"):
57  
58      # 创建一个 XMLReader
59      parser = xml.sax.make_parser()
60      # 关闭 namepsaces
```

```
61      parser.setFeature(xml.sax.handler.feature_namespaces, 0)
62
63      # 重写 ContextHandler
64      Handler = MovieHandler()
65      parser.setContentHandler( Handler )
66
67      parser.parse("movies.xml")
```

代码执行结果如下。

```
*****Movie*****
Title: Enemy Behind
Type: War, Thriller
Format: DVD
Year: 2003
Rating: PG
Stars: 10
Description: Talk about a US-Japan war
*****Movie*****
Title: Transformers
Type: Anime, Science Fiction
Format: DVD
Year: 1989
Rating: R
Stars: 8
Description: A schientific fiction
*****Movie*****
Title: Trigun
Type: Anime, Action
Format: DVD
Rating: PG
Stars: 10
Description: Vash the Stampede!
*****Movie*****
Title: Ishtar
Type: Comedy
```

> Format: VHS
> Rating: PG
> Stars: 2
> Description: Viewable boredom

12.2.2 使用DOM提取电影信息

代码实现(注:该 XML 解析文件为上面的 movies.xml 文件):

```python
#!/usr/bin/python
# -*- coding: UTF-8 -*-

import xml.dom.minidom

# 使用 minidom 解析器打开 XML 文档
DOMTree = xml.dom.minidom.parse("./12_xml/movies.xml")
collection = DOMTree.documentElement
if collection.hasAttribute("shelf"):
    print("Root element : %s" % collection.getAttribute("shelf"))

# 在集合中获取所有电影
movies = collection.getElementsByTagName("movie")

# 打印每部电影的详细信息
for movie in movies:
    print("*****Movie*****")
    if movie.hasAttribute("title"):
        print("Title: %s" % movie.getAttribute("title"))

    type = movie.getElementsByTagName('type')[0]
    print("Type: %s" % type.childNodes[0].data)
    format = movie.getElementsByTagName('format')[0]
    print("Format: %s" % format.childNodes[0].data)
    rating = movie.getElementsByTagName('rating')[0]
    print("Rating: %s" % rating.childNodes[0].data)
    description = movie.getElementsByTagName('description')[0]
    print("Description: %s" % description.childNodes[0].data)
```

逐行解析：第 4 行导入 xml.dom.minidom 模块。第 7 行读取 movies.xml 文件并解析成 DOM 树结构。第 8 行获取 DOM 树的根节点。第 9 和第 10 行判断是否存在 shelf 属性，如果存在，则在控制台打印该属性的值。第 13 行获取所有 movie 标签并存储到 movies 变量中。第 16~28 行循环 movies，获取每一个 movie 标签中的所有子标签，并在控制台打印子标签的内容信息。

代码执行结果，略。请参见 12.2.1 小节。

第 13 章

Python 实践：网络编程

实践内容：

Python 网络编程。

实践目标：

- 理解TCP/IP与UDP/IP。
- 掌握TCP编程。
- 掌握UDP编程。
- 掌握TCP/IP编程。
- 掌握UDP/IP编程。
- 理解TCP/IP与UDP/IP区别。

13.1 知识点介绍

13.1.1 名词解析

- 网络编程：把各台计算机连接到一起，让网络中的计算机互相通信，如浏览器、QQ、邮箱。
- TCP/IP：传输控制协议(Transmission Control Protocol/Internet Protocol)，在收发数据前，必须和对方建立可靠的连接。由网络层的IP协议和传输层TCP协议组成。TCP负责传输，发现问题会重新传输，直到所有数据安全正确地传输到目的地，而IP是给因特网的每一台联网设备规定一个地址。
- UDP/IP：用户数据报协议(User Data Protocol)，UDP是一个非连接的协议，传输数据之前源端和终端不建立连接，它尽最大努力交付，但不保证可靠交付，因此不需要维护复杂的链接状态。
- Socket：通常称为"套接字"，是两个程序通过一个双向的通信连接实现数据的交换。
- 服务端：就是一系列硬件或软件，为一个或多个客户端提供所需的"服务"。它存在的唯一目的就是等待客户端的请求，并响应它们，然后等待更多的请求。
- 客户端：因特定的请求联系服务器，并发送必要的数据，然后等待服务器的回应，最后完成请求或给出故障的原因。
- AF_INET：服务器之间的网络通信。
- SOCK_STREAM：流式socket。
- SOCK_DGRAM：数据报式socket。

13.1.2 Socket连接过程

- 服务器监听：服务器端"套接字"处于等待连接状态，实时监控整个网络的状态。
- 客户端请求：客户端"套接字"提出连接请求，连接的目标是服务器端。因此客户端的套接字必须首先描述它要连接的服务器套接字，并指出服务器端套接字的地址和端口号，然后向服务器套接字提出连接请求。
- 连接确认：服务器端套接字接收到连接请求后，响应客户端套接字的请求，建议一个新的连接，把服务器端的套接字发送给客户端，确认后，即建立好连接。而服务器端继续处于监听状态，继续连接其他客户端的连接请求或关闭服务器socket，如图13-1所示。

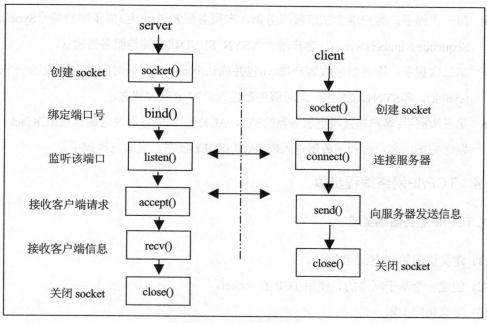

图13-1 socket连接过程

13.1.3 TCP/IP协议

在 TCP/IP 协议中，TCP 协议通过 3 次握手建立一个可靠的连接，如图 13-2 所示。

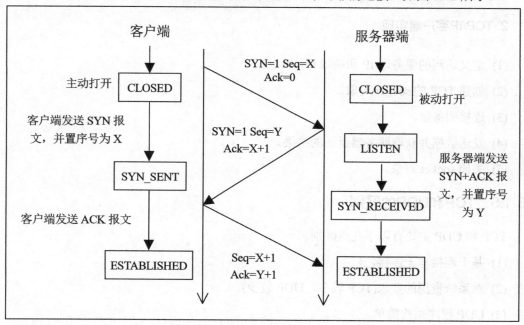

图13-2 TCP协议3次握手

- 第一次握手：客户端尝试连接服务器，向服务器发送syn包(同步序列编号Synchronize Sequence Numbers)syn=j，客户端进入SYN_SEND状态等待服务器确认。
- 第二次握手：服务器接收客户端syn包并确认(syn=j+1)，同时向客户端发送一个syn包(syn=k)，即SYN+ACK包，此时服务器进入SYN_RECV状态。
- 第三次握手：客户端接收到服务器的SYN+ACK包，向服务器发送确认包ACK(ack=k+1)，发送完毕，客户端和服务器进入ESTABLISHED状态，完成三次握手。

13.1.4 TCP/IP网络编程步骤

1. TCP/IP服务器端实现

(1) 定义访问的IP地址和端口。

(2) 创建一个基于网络的、使用TCP的socket。

(3) 定义访问上限。

(4) 开启监听。

(5) 循环接收客户端传递的信息，并响应客户端执行结果。

(6) 结束Socket。

2. TCP/IP客户端实现

(1) 定义访问的服务器IP和端口号。

(2) 创建TCP的socket对象。

(3) 连接服务器。

(4) 发送数据并获取服务器返回的结果。

(5) 关闭socket对象。

13.1.5 TCP和UDP的区别

TCP和UDP主要有以下几点区别。

(1) 基于连接与无连接。

(2) 对系统资源的要求(TCP较多，UDP较少)。

(3) UDP程序结构简单。

(4) 流模式和数据报模式。

(5) TCP 保证数据正确性，并保证数据顺序；UDP 可能丢包，不保证数据顺序。

13.2 案例实现

13.2.1 TCP/IP 编程

实现服务器端登录验证，若登录成功，则打印成功，否则，需要客户端进行重新登录，如下。

```
1    # -*- coding: UTF-8 -*-
2    from socket import *
3    from time import ctime
4
5    HOST = '127.0.0.1'
6    PORT = 21567
7    BFS = 1024
8    ADDR = (HOST, PORT)
9
10   tcpSerSock = socket(AF_INET, SOCK_STREAM)
11   tcpSerSock.bind(ADDR)
12   tcpSerSock.listen(5)
```

逐行解析：第 2 和第 3 行导入 socket、time 模块。第 5 和第 6 行定义服务器端 IP 地址和端口号。第 7 行定义服务器端每次读取的数据库大小。第 10 行创建 socket 通信，其中有两个参数：AF_INET——服务器之间的网络通信；SOCK_STREAM——流式 socket。第 11 和第 12 行给 socket 绑定地址，并设置最大的连接数。

服务器开启监听，并循环获取客户端请求，如下。

```
14   while True:
15       print('waiting for connection...')
16       (tcpCliSock, addr) = tcpSerSock.accept()
17       print('...connected from: ', addr)
```

```
18
19      while True:
20          data = tcpCliSock.recv(BFS).decode('utf8')
21          if not data:
22              break
23          info = eval(data)
24          print('用户名： %s，密码： %s' % (info['loginName'], info['pwd']))
25          result = 'ERROR...'
26          if ('admin' == info['loginName']) and ('admin' == info['pwd']):
27              result = 'SUCCESS...'
28          str1 = ('[%s] %s' % (ctime(), result)).encode('utf-8')
29          tcpCliSock.send(str1)
30      tcpCliSock.close()
31
32  tcpSerSock.close()
```

逐行解析：第 14 行开启监听，并一直等待。第 16 行如果有连接，则生成一个新的 socket——tcpCliSock，并得到请求的客户端地址。第 19 行循环获取客户端传递的数据。第 20 行接收数据，并转化成 utf-8 格式，原始数据为 byte 格式。第 21 和第 22 行如果没有数据则跳出循环。第 23~28 行将接收的数据转换成字典类型，并将接收的用户名与密码进行校验。第 29 行响应客户端请求结果。第 30~32 行关闭 socket。

服务器端实现完成，客户端如何进行请求呢？

客户端请求服务器的 IP 和端口号设置：

```
1   # -*- coding: UTF-8 -*-
2   from socket import *
3
4   HOST = '127.0.0.1'
5   PORT = 21567
6   BFS = 1024
7   ADDR = (HOST, PORT)
8
9   tcpCliSock = socket(AF_INET, SOCK_STREAM)
10  tcpCliSock.connect(ADDR)
```

逐行解析：第 2 行导入 socket 模块。第 4~7 行设置访问服务器的 IP 地址和端口号，设置每次读取的数据量大小。第 9 和第 10 行创建一个基于网络的 TCP 的 socket，进行连接。

客户端输入用户名密码，发送给服务器端进行验证：

```
12    while True:
13        loginName = input('请输入用户名> ')
14        pwd = input('请输入密码> ')
15        if not loginName and pwd:
16            break
17        info = {}
18        info['loginName'] = loginName
19        info['pwd'] = pwd
20        tcpCliSock.send(str(info).encode('utf-8'))
21        data = tcpCliSock.recv(BFS)
22        if 'SUCCESS' in str(data, encoding='utf-8'):
23            print('登录： %s' % str(data, encoding='utf-8'))
24            break
25        print('登录： %s，请重新登录。' % str(data, encoding='utf-8'))
26
27    tcpCliSock.close()
```

逐行解析：第 12 行循环进行请求。第 13~19 行获取输入的用户名和密码并赋值给 info 字典。第 20 和第 21 行发送 info 字典数据，并获取服务器端返回的结果。第 22~27 行根据响应的结果进行判断，登录失败则重新进行请求，登录成功则跳出循环，并结束 socket。

执行结果，服务器端打印：

```
waiting for connection...
...connected from:    ('127.0.0.1', 51519)
用户名：admin，密码：123
用户名：admin，密码：admin
waiting for connection...
```

客户端打印：

请输入用户名> admin
请输入密码> 123
登录：[Wed Jun 12 18:13:24 2019] ERROR...，请重新登录。
请输入用户名> admin
请输入密码> admin
登录：[Wed Jun 12 18:13:32 2019] SUCCESS...

13.2.2　UDP/IP编程

上面我们以 TCP/IP 实现了用户名、密码校验，那么若以 UDP/IP 去实现用户密码验证，则与上面的案例又有哪些区别呢？

定义 UDP 服务器的 IP 地址和端口号：

```
1    # -*- coding: UTF-8 -*-
2    from socket import *
3    from time import ctime
4
5    HOST = '127.0.0.1'
6    PORT = 21567
7    BFS = 1024
8    ADDR = (HOST, PORT)
9
10   UdpSerSock = socket(AF_INET, SOCK_DGRAM)
11   UdpSerSock.bind(ADDR)
```

逐行解析：第 2 和第 3 行导入 socket、time 模块。第 5~8 行定义服务器访问 IP、端口号及每次读取的数据大小。第 10 和第 11 行创建一个基于网络的 UDP 的 socket，并绑定 IP 及端口号。

接收客户端发送的数据并响应：

```
13   while True:
14       print('waiting for message...')
15       (data, addr) = UdpSerSock.recvfrom(BFS)
```

```
16      if not data:
17          break
18      info = eval(data)
19      print('用户名：%s，密码：%s' % (info['loginName'], info['pwd']))
20      result = 'ERROR...'
21      if ('admin' == info['loginName']) and ('admin' == info['pwd']):
22          result = 'SUCCESS...'
23      str1 = ('[%s] %s' % (ctime(), result)).encode('utf-8')
24      UdpSerSock.sendto(str1, addr)
25      print('...received from and returned to:', addr)
26  UdpSerSock.close()
```

逐行解析：第 13 行循环监听。第 15 行接收客户端发送的数据报及源地址信息。第 16~23 行将接收到的数据转换成字典并判断登录是否成功。第 24 行将判断结果响应给客户端。UDP 每次请求时需指定地址信息。sendto(strs,addr)第一个参数为响应的数据，第二个参数为响应的地址。

UDP 服务端实现成功，客户端如何请求呢？

```
1   # -*- coding: UTF-8 -*-
2   from socket import *
3
4   HOST = '127.0.0.1'
5   PORT = 21567
6   BFS = 1024
7   ADDR = (HOST, PORT)
8
9   udpCliSock = socket(AF_INET, SOCK_DGRAM)
```

逐行解析：第 2 行导入 socket 模块。第 4~7 行定义服务端 IP 地址、端口号、每次读取数据的大小。第 9 行创建一个基于网络的 UDP 的 socket。

发送请求并获取响应：

```
11  while True:
12      loginName = input('请输入用户名>')
13      pwd = input('请输入密码>')
```

```
14    if not loginName and pwd:
15        break
16    info = {}
17    info['loginName'] = loginName
18    info['pwd'] = pwd
19    udpCliSock.sendto(str(info).encode('utf-8'), ADDR)
20    data, ADDR = udpCliSock.recvfrom(BFS)
21    if 'SUCCESS' in str(data, encoding='utf-8'):
22        print('登录：%s' % str(data, encoding='utf-8'))
23        break
24    print('登录：%s，请重新登录。' % str(data, encoding='utf-8'))
25  udpCliSock.close()
```

逐行解析：第 11~18 行获取输入的数据并转换成数据字典。第 19 行客户端发送请求，发送数据，并指定发送地址信息。第 20~25 行：获取服务端响应信息，登录失败则重新输入进行验证，登录成功则退出循环并结束 socket 服务。

执行结果，服务端执行结果：

```
waiting for message...
用户名：admin，密码：123
...received from and returned to: ('127.0.0.1', 64662)
waiting for message...
用户名： admin，密码： admin
...received from and returned to: ('127.0.0.1', 64662)
waiting for message...
```

客户端执行结果：

```
请输入用户名> admin
请输入密码> 123
登录：[Wed Jun 12 18:28:14 2019] ERROR...，请重新登录。
请输入用户名> admin
请输入密码> admin
登录：[Wed Jun 12 18:28:17 2019] SUCCESS...
```

13.2.3 地铁站售卡充值机编程

为了方便乘客购卡及充值,同时也为了减少人工窗口,地铁站提供了售卡充值终端机,该终端机提供以下服务:出售公交卡、公交卡充值及查询等业务。

接下来我们以 Python 网络编程实现售卡终端机服务。

(1) 搭建 TCP 服务器。

```
1    # -*- coding: UTF-8 -*-
2    from socket import *
3
4    HOST = '127.0.0.1'
5    PORT = 21567
6    BFS = 1024
7    ADDR = (HOST, PORT)
8
9    tcpSerSock = socket(AF_INET, SOCK_STREAM)
10   tcpSerSock.bind(ADDR)
11   tcpSerSock.listen(5)
```

(2) 服务端功能定义。

```
13   card_info = []
14   card_data = []
15
16   def buyCard(data):
17       print('执行 buyCard...')
18       card_info.append({'cardNum': data['cardNum'], 'total': 0})
19       return True
20
21   def recharge(data):
22       print('执行 recharge,卡信息:%s' % data)
23       result = False
24
25       for card in card_info:
26           if card['cardNum'] == data['cardNum']:
27               card['total'] = int(card['total']) + int(data['money'])
```

```
28              result = True
29              break
30          if result:
31              card_data.append({'cardNum': data['cardNum'], 'money': int(data['money'])})
32          else:
33              print('该卡不存在')
34
35          return result
36
37  def queryCard(data):
38      print('执行 queryCard，卡信息：%s' % data)
39      money = 0
40      result = False
41      for card in card_info:
42          if card['cardNum'] == data['cardNum']:
43              money = int(card['total'])
44              result = True
45              break
46
47      return {'result': result, 'cardNum': data['cardNum'], 'money': money}
```

逐行解析：第13和第14行定义cardinfos(开卡记录)及cardDatas(充值记录字典)。第16~19行实现购卡功能，将购卡记录存储到cardinfos中。第21~35行实现公交卡充值功能。第25~33行在cardinfos中循环比对卡号是否存在，若存在，则获取该卡进行充值(剩余总金额+充值金额)，并设置result=True，结束循环。否则，提示卡不存在。第37~47行实现公交卡查询功能。第41~45行在cardinfos中循环比对卡号是否存在，若存在，则获取该卡信息，并结束循环。第47行返回公交卡信息。如果卡号未找到，则result值为False。

(3) 服务器端循环主程序。

```
49  while True:
50      print('欢迎使用武汉通自助售卡充值机服务器')
51      (tcpCliSock, addr) = tcpSerSock.accept()
52      print('...connected from: ', addr)
53
54      while True:
```

```
55          state = True
56          data = tcpCliSock.recv(BFS).decode('utf8')
57          if not data:
58              break
59          info = eval(data)
60
61          if info['func'] == 'buyCard':
62              state = buyCard(info)
63          elif info['func'] == 'recharge':
64              state = recharge(info)
65          elif info['func'] == 'queryCard':
66              state = queryCard(info)
67
68          tcpCliSock.send(str(state).encode('utf-8'))
69      tcpCliSock.close()
```

逐行解析：第 51 和第 52 行等待客户端连接。连接上后，打印客户端地址信息。第 56~59 行获取客户端操作指令。第 61~66 行根据客户端指令，执行不同的服务器端操作。第 68 行返回操作结果给客户端。第 69 行关闭客户端连接。

服务器 3 个功能定义完成，那么客户端如何发送请求呢？

(4) 定义客户端访问的地址及端口信息。

```
1   # -*- coding: UTF-8 -*-
2   from socket import *
3
4   HOST = '127.0.0.1'
5   PORT = 21567
6   BFS = 1024
7   ADDR = (HOST, PORT)
8
9   tcpCliSock = socket(AF_INET, SOCK_STREAM)
10  tcpCliSock.connect(ADDR)
```

在客户端显示操作面板，并定义购卡、充值、查询 3 个操作方法。

(5) 客户端购卡。

```
20  def buyCard():
```

```
21    cardNum = input('请输入卡号：')
22    info = {'func': 'buyCard', 'cardNum': cardNum}
23
24    tcpCliSock.send(str(info).encode('utf-8'))
25    result = tcpCliSock.recv(BFS).decode('utf-8')
26    if result:
27        print('购卡成功')
28    else:
29        print('购卡失败，请重新购卡')
```

逐行解析：第 21 行提示用户输入卡号。第 24 行向服务器端提交卡号信息，以及待调用的服务器端方法名 buyCard。第 25 行获取服务器端购卡操作的返回值。第 26~29 行根据返回值，打印购卡操作提示信息。

(6) 客户端公交卡充值。

```
31    def recharge():
32        cardNum = input('请输入卡号：')
33        money = input('请输入金额：')
34        info = {'func': 'recharge', 'cardNum': cardNum, 'money': money}
35
36        tcpCliSock.send(str(info).encode('utf-8'))
37        result = tcpCliSock.recv(BFS).decode('utf-8')
38        if result:
39            print('充值成功')
40        else:
41            print('充值失败，请重新充值')
```

逐行解析：第 32 和第 33 行提示用户输入待充值的卡号，以及充值金额。第 36 行向服务器端提交充值信息，以及待调用的服务器端方法名 recharge。第 25 行获取服务器端公交卡充值操作的返回值。第 26~29 行根据返回值，打印充值操作提示信息。

(7) 客户端公交卡查询。

```
43    def queryCard():
44        cardNum = input('请输入卡号：')
45        info = {'func': 'queryCard', 'cardNum': cardNum}
```

```
46
47      tcpCliSock.send(str(info).encode('utf-8'))
48      result = tcpCliSock.recv(BFS)
49      res = eval(result)
50      if res['result']:
51          print('查询成功，卡号：%s，余额：%d' % (res['cardNum'], res['money']))
52      else:
53          print('查询失败')
```

逐行解析：第 44 行提示用户输入待查询的卡号。第 47 行向服务器端提交卡号，以及待调用的服务器端方法名 queryCard。第 25 行获取服务器端公交卡查询操作的返回值。第 26~29 行打印查询结果。

(8) 客户端操作面板提示信息，用户通过输入 1~4 之间的数字，选择不同的操作。

```
12      def __init__():
13          print('欢迎使用武汉通自助售卡充值机')
14          print('1. 购卡')
15          print('2. 充值')
16          print('3. 查询余额')
17          print('4. 退出')
18          print('*'*10 + '请选择' + '*'*10)
```

(9) 客户端循环主程序。

```
55      while True:
56          __init__()
57          data = int(input('请输入选项：'))
58          if data not in [i for i in range(1, 5)]:
59              print('请输入数字 1~4')
60              continue
61          elif data == 1:
62              buyCard()
63          elif data == 2:
64              recharge()
65          elif data == 3:
66              queryCard()
67          elif data == 4:
```

68	break
69	
70	tcpCliSock.close()

逐行解析：第 56 行打印操作面板提示信息。第 58~68 行输入不同数字，调用相应方法。第 70 行退出客户端，关闭连接。

(10) 执行结果，服务器端记录。

```
欢迎使用武汉通自助售卡充值机服务器
    ...connected from:    ('127.0.0.1', 57459)
执行 buyCard...
执行 buyCard...
执行 recharge，卡信息：{'func': 'recharge', 'cardNum': '101', 'money': '100'}
执行 recharge，卡信息：{'func': 'recharge', 'cardNum': '102', 'money': '200'}
执行 queryCard，卡信息：{'func': 'queryCard', 'cardNum': '101'}
执行 queryCard，卡信息：{'func': 'queryCard', 'cardNum': '102'}
执行 recharge，卡信息：{'func': 'recharge', 'cardNum': '102', 'money': '100'}
执行 queryCard，卡信息：{'func': 'queryCard', 'cardNum': '102'}
```

(11) 客户端记录。

```
欢迎使用武汉通自助售卡充值机
    1. 购卡
    2. 充值
    3. 查询余额
    4. 退出
    **********请选择**********
请输入选项：1
请输入卡号：101
购卡成功
欢迎使用武汉通自助售卡充值机
    1. 购卡
    2. 充值
    3. 查询余额
    4. 退出
    **********请选择**********
```

请输入选项：1
请输入卡号：102
购卡成功
欢迎使用武汉通自助售卡充值机
　1. 购卡
　2. 充值
　3. 查询余额
　4. 退出
　**********请选择**********
请输入选项：2
请输入卡号：101
请输入金额：100
充值成功
欢迎使用武汉通自助售卡充值机
　1. 购卡
　2. 充值
　3. 查询余额
　4. 退出
　**********请选择**********
请输入选项：2
请输入卡号：102
请输入金额：200
充值成功
欢迎使用武汉通自助售卡充值机
　1. 购卡
　2. 充值
　3. 查询余额
　4. 退出
　**********请选择**********
请输入选项：3
请输入卡号：101
查询成功，卡号：101，余额：100
欢迎使用武汉通自助售卡充值机
　1. 购卡
　2. 充值
　3. 查询余额

	4. 退出
	**********请选择**********
请输入选项：3
请输入卡号：102
查询成功，卡号：102，余额：200
欢迎使用武汉通自助售卡充值机
	1. 购卡
	2. 充值
	3. 查询余额
	4. 退出
	**********请选择**********
请输入选项：2
请输入卡号：102
请输入金额：100
充值成功
欢迎使用武汉通自助售卡充值机
	1. 购卡
	2. 充值
	3. 查询余额
	4. 退出
	**********请选择**********
请输入选项：3
请输入卡号：102
查询成功，卡号：102，余额：300
欢迎使用武汉通自助售卡充值机
	1. 购卡
	2. 充值
	3. 查询余额
	4. 退出
	**********请选择**********
请输入选项：4
	# 退出客户端

附录 1

Python 内置函数

Python 解释器内置了很多函数,你可以在任何时候使用它们,如表附录 1-1 所示。

表附录1-1 Python内置函数

内置函数				
abs()	delattr()	hash()	memoryview()	set()
all()	dict()	help()	min()	setattr()
any()	dir()	hex()	next()	slice()
ascii()	divmod()	id()	object()	sorted()
bin()	enumerate()	input()	oct()	staticmethod()
bool()	eval()	int()	open()	str()
breakpoint()	exec()	isinstance()	ord()	sum()
bytearray()	filter()	issubclass()	pow()	super()

(续表)

内置函数				
bytes()	float()	iter()	print()	tuple()
callable()	format()	len()	property()	type()
chr()	frozenset()	list()	range()	vars()
classmethod()	getattr()	locals()	repr()	zip()
compile()	globals()	map()	reversed()	__import__()
complex()	hasattr()	max()	round()	

附录 2

Python 常用内置模块

1. os模块

os 模块就是对操作系统进行操作,使用该模块必须先导入模块:

```
import os
```

os 模块常用的方法如表附录 2-1 所示。

表附录2-1 os模块常用的方法

模块方法	说明
os.remove()	删除文件
os.rename()	重命名文件
os.listdir()	列出指定目录下所有文件

(续表)

模块方法	说明
os.chdir()	改变当前工作目录
os.getcwd()	获取当前文件路径
os.mkdir()	新建目录
os.rmdir()	删除空目录
os.makedirs()	创建多级目录
os.removedirs()	删除多级目录
os.stat(file)	获取文件属性
os.chmod(file)	修改文件权限
os.utime(file)	修改文件时间戳
os.name(file)	获取操作系统标识
os.system()	执行操作系统命令
os.execvp()	启动一个新进程
os.fork()	获取父进程ID，在子进程返回中返回0
os.execvp()	执行外部程序脚本(Uinx)
os.spawn()	执行外部程序脚本(Windows)
os.access(path, mode)	判断文件权限
os.wait()	等待子进程结束
os.path.split(filename)	将文件路径和文件名分割
os.path.splitext(filename)	将文件路径和文件扩展名分割成一个元组
os.path.dirname(filename)	返回文件路径的目录部分
os.path.basename(filename)	返回文件路径的文件名部分
os.path.join(dirname,basename)	将文件路径和文件名拼接成完整文件路径
os.path.abspath(name)	获得绝对路径
os.path.splitunc(path)	把路径分割为挂载点和文件名
os.path.normpath(path)	规范path字符串形式
os.path.exists()	判断文件或目录是否存在

(续表)

模块方法	说明
os.path.isabs()	如果path是绝对路径，返回True
os.path.realpath(path)	返回path的真实路径
os.path.relpath(path[,start])	从start开始计算相对路径
os.path.normcase(path)	转换path的大小写和斜杠
os.path.isdir()	判断是不是一个目录
os.path.isfile()	判断是不是一个文件
os.path.islink()	判断路径是否为链接
os.path.ismount()	判断路径是否存在且为一个挂载点
os.path.samefile()	是否相同路径的文件
os.path.getatime()	返回最近访问时间
os.path.getmtime()	返回上一次修改时间
os.path.getctime()	返回文件创建时间
os.path.getsize()	返回文件大小

2. sys模块

该模块提供对解释器使用或维护的一些变量的访问，以及与解释器交互的函数。

sys 模块常用的方法如表附录 2-2 所示。

表附录2-2　sys模块常用的方法

模块方法	说明
sys.argv	命令行参数List，第一个元素是程序本身路径
sys.path	返回模块的搜索路径，初始化时使用PYTHONPATH环境变量
sys.modules.keys()	返回所有已经导入的模块列表
sys.modules	返回系统导入的模块字段，key是模块名，value是模块
sys.exc_info()	获取当前正在处理的异常类
sys.exit(n)	退出程序，正常退出时exit(0)

(续表)

模块方法	说明
sys.hexversion	获取Python解释程序的版本值，16进制格式
sys.version	获取Python解释程序的版本信息
sys.platform	返回操作系统平台名称
sys.stdout	标准输出
sys.stdout.write()	标准输出内容
sys.stdout.writelines()	无换行输出
sys.stdin	标准输入
sys.stdin.read()	输入一行
sys.stderr	错误输出
sys.exc_clear()	清除当前线程所出现的当前的或最近的错误信息

3. datetime、date、time模块

datetime、date、time 模块常用的方法如表附录 2-3 所示。

表附录2-3 datetime、date、time模块常用的方法

模块方法	说明
datetime.date.today()	本地日期对象
datetime.date.isoformat(obj)	当前[年-月-日]
datetime.date.fromtimestamp()	返回一个日期对象，参数是时间戳，返回[年-月-日]
datetime.date.weekday(obj)	返回一个日期对象的星期数，周一是0
datetime.date.isoweekday(obj)	返回一个日期对象的星期数，周一是1
datetime.date.isocalendar(obj)	把日期对象返回一个带有年月日的元组
datetime.datetime.today()	返回一个包含本地时间(含微秒数)的datetime对象
datetime.datetime.now([tz])	返回指定时区的datetime对象
datetime.datetime.utcnow()	返回一个零时区的datetime对象

(续表)

模块方法	说明
datetime.fromtimestamp(timestamp[,tz])	按时间戳返回一个datetime对象，可指定时区，可用于strftime转换为日期表示
datetime.utcfromtimestamp(timestamp)	按时间戳返回一个UTC-datetime对象
datetime.datetime.strptime()	将字符串转为datetime对象
datetime.datetime.strftime()	将datetime对象转换为str表示形式
datetime.date.today().timetuple()	转换为时间戳datetime元组对象，可用于转换时间戳
time.mktime(timetupleobj)	将datetime元组对象转为时间戳
time.time()	当前时间戳

4. random模块

random 模块常用的方法如表附录 2-4 所示。

表附录2-4　random模块常用的方法

模块方法	说明
random.random()	产生0~1的随机浮点数
random.uniform(a, b)	产生指定范围内的随机浮点数
random.randint(a, b)	产生指定范围内的随机整数
random.randrange([start], stop[, step])	从一个指定步长的集合中产生随机数
random.choice(sequence)	从序列中产生一个随机数
random.shuffle(x[, random])	将一个列表中的元素打乱
random.sample(sequence, k)	从序列中随机获取指定长度的片断

附录 3
Python 实现排序算法

1. 冒泡排序

冒泡排序的原理非常简单,它重复地走访过要排序的数列,一次比较两个元素,如果它顺序错误就将它们交换过来。

冒泡排序的操作步骤如下。

(1) 比较相邻的元素。如果第一个比第二个大,就交换它们两个。

(2) 对第 0 个到第 n-1 个数据做同样的工作。这时,最大的数就"浮"到了数组最后的位置上。

(3) 针对所有的元素重复以上步骤,除了最后一个。

(4) 持续每次对越来越少的元素重复上面的步骤,直到没有任何一对数字需要比较。

python 实现:

```
def bubble_sort(blist):
```

```
            count = len(blist)
            for i in range(0, count):
                for j in range(i + 1, count):
                    if blist[i] > blist[j]:
                        blist[i], blist[j] = blist[j], blist[i]
            return blist
```

2. 插入排序

插入排序的工作原理是对于每个未排序数据，在已排序序列中从后向前扫描，找到相应位置并插入。

插入排序的操作步骤如下。

(1) 从第一个元素开始，该元素可以认为已经被排序。

(2) 取出下一个元素，在已经排序的元素序列中从后向前扫描。

(3) 如果被扫描的元素(已排序)大于新元素，将该元素后移一位。

(4) 重复步骤(3)，直到找到已排序的元素小于或者等于新元素的位置。

(5) 将新元素插入该位置后面。

(6) 重复步骤(2)~(5)。

python 实现：

```
def insert_sort(ilist):
    for i in range(len(ilist)):
        for j in range(i):
            if ilist[i] < ilist[j]:
                ilist.insert(j, ilist.pop(i))
                break
    return ilist
```

3. 快速排序

快速排序算法通常比其他排序算法更快，是一个比较常用，也比较重要的排序算法。

快速排序的操作步骤如下。

(1) 从数列中挑出一个元素作为基准数。

(2) 分区过程，将比基准数大的放到右边，小于或等于它的数都放到左边。

(3) 再对左右区间递归执行第二步，直至各区间只有一个数。

python 实现：

```python
def quick_sort(qlist):
    if qlist == []:
        return []
    else:
        qfirst = qlist[0]
        qless = quick_sort([l for l in qlist[1:] if l < qfirst])
        qmore = quick_sort([m for m in qlist[1:] if m >= qfirst])
        return qless + [qfirst] + qmore
```